国家重点研发计划课题(编号:2017YFC1501202)
国家自然科学基金项目(编号:51509104、60934009)
水利部项目(编号:SF-201711)资助

南水北调中线岩土工程质量与安全保障理论与实践

张　敏　董成会　杨浩明　罗立群　刘巍巍 等 编著

黄河水利出版社

·郑　州·

内 容 提 要

本书针对南水北调中线岩土工程中存在的检测技术难题,开展了超大粒径粗粒土渗透检测装置、低透水性塑性防渗墙渗透检测装置及逆止阀/排水管道水密性检测装置开发,解决了工程检测技术难题;针对南水北调中线工程中土工膜广泛应用但缺乏理论和试验研究的情况,开展了弹塑性损伤条件下土工膜抗渗特性试验研究和复合土工膜老化预测模型研究;针对南水北调中线岩土工程地质条件特殊和工况复杂多变,开发了可移动式边坡工程安全监测模块,提出了边坡稳定安全系数计算模型和安全预测评估的信息融合方法,为边坡稳定分析安全评价提供科学依据。

本书可供从事土木工程、水利工程、岩土工程检测和监测技术人员阅读参考,也可作为相关领域高校师生的参考资料。

图书在版编目(CIP)数据

南水北调中线岩土工程质量与安全保障理论与实践/张敏等编著. —郑州:黄河水利出版社,2018.11
ISBN 978 - 7 - 5509 - 1722 - 4

Ⅰ.①南… Ⅱ.①张… Ⅲ.①南水北调 – 岩土工程 –
工程质量 – 安全管理 Ⅳ.①TV68

中国版本图书馆 CIP 数据核字(2018)第 274636 号

出 版 社:黄河水利出版社　　　　　　　　　　网址:www.yrcp.com
　　　　地址:河南省郑州市顺河路黄委会综合楼 14 层　　邮政编码:450003
发行单位:黄河水利出版社
　　　　发行部电话:0371 – 66026940、66020550、66028024、66022620(传真)
　　　　E-mail:hhslcbs@126.com
承印单位:河南瑞之光印刷股份有限公司
开本:787 mm×1 092 mm　1/16
印张:12.25
字数:283 千字　　　　　　　　　　　　　　印数:1—1 000
版次:2018 年 12 月第 1 版　　　　　　　　　印次:2018 年 12 月第 1 次印刷

定价:42.00 元

前　言

　　南水北调工程的实施,在党中央、国务院的重视和关怀下,有关部门和单位做了大量的调查、研究、勘测、规划、设计及反复论证工作,历时 50 年,经过近百种方案比选后,提出了从长江下游、中游、上游分别引水的南水北调东、中、西三条调水线路。南水北调工程深受各级领导和国内外各界人士的广泛关注。南水北调中线一期工程总干渠全长约 1 400 余 km(含天津干线约 155 km),是从长江最大支流汉江中上游的丹江口水库调水,在丹江口水库东岸河南省淅川县九重镇境内的工程渠首开挖干渠,经长江流域与淮河流域的分水岭方城垭口,沿华北平原中西部边缘开挖渠道,在荥阳通过隧道穿过黄河,沿京广铁路西侧北上,自流到北京市颐和园团城湖的输水工程。一期工程建成后年调水 95 亿 m³。南水北调中线工程横穿长江、淮河、黄河、海河四大流域,涉及十余个省(自治区、直辖市),输水线路长,穿越河流多,工程涉及面广,经济效益与社会效益巨大,包含水库、湖泊、运河、河道、大坝、泵站、隧洞、渡槽、暗涵、倒虹吸、PCCP 管道、渠道等水利工程,是一项规模宏大、投资巨额、涉及范围广、影响十分深远的战略性基础设施。

　　南水北调中线工程主要工程地质问题有膨胀岩土边坡稳定问题、黄土装土湿陷问题、饱和沙土地震液化问题、煤矿采空区的变形稳定问题、渠道衬砌抗浮稳定问题、水(泥)石流对渠道安全影响问题、基坑涌水涌沙问题、渠道渗漏问题、浸没和次生盐碱化问题等。南水北调中线岩土工程中比较突出的问题有:新型材料塑性防渗墙渗透系数低,目前没有合适的测试装置;工程中存在超大粒径粗粒土,缺乏相应渗透系数测试仪器;逆止阀水密性测试存在测试环境复杂、荷载施加困难、观测周期长、测量精度低、样品容易破坏等问题;复合土工膜老化与寿命预测难题;中线工程挖方填方工程多,存在多处边坡工程,需要进行安全监测与稳定性评价,目前普遍采用的集中式监测技术存在传感器引线多、线缆间干扰严重、精度受限、安全评价模型与方法有待改进等。

　　针对南水北调中线岩土工程相关问题,本书在对工程现状开展需求调研的基础上,主要完成了以下工作:针对新型材料塑性防渗墙渗透系数低,目前没有合适的测试装置的问题,基于低透水性塑性防渗墙的渗透特性分析,设计了渗透系数小于 10^{-6} cm/s 的低透水性塑性防渗墙测试仪器,并提出了相应的测试方法,可供低透水性塑性防渗墙渗透试验与质量检测时参考。针对工程中存在超大粒径粗粒土,基于超大粒径粗粒土渗透特性分析,设计了 60 mm$\leqslant d_{85} \leqslant$100 mm 的渗透系数测试仪器。设计了逆止阀水密性测试仪器,并提出了相应的测试方法,可供逆止阀、给水排水管道水密性试验与质量检测时参考。在对土工膜防渗工程应用情况调研的基础上,结合工程实际情况,改进试验设备,开展土工膜不同弹塑性损伤条件下抗渗特性试验,总结土工膜渗透系数和耐静水压变化规律,建立应变、厚度与土工膜渗透系数和耐静水压相关关系函数。开展了复合土工膜自然气候老化、热老化及湿热老化三种情况下的老化试验;针对目前堤防工程监测系统存在系统造价高、设备管理困难、数据传输不便等问题,开发具备可移动、数据精度高、集成度高、成本低、节能环保等优点的可移动式堤坝工程安全监测模块,研发适用于可移动式堤坝工程安全监测模块的数据后处理软件。针对边坡稳定与浸润面变化及材料密实度密切相关,材料参数为常量的边坡安全系数计算模型,不能反映水位变化及材料密实度对边坡安全的影响,开发出内摩擦角、黏聚力随着含水率的变化而产生变化的边坡稳定性分析程序。针对当参数具有随机不确定性等情况,基于 pignistic 概率给出了一种新的边坡稳定性评估方法。

本书共分 8 章:第 1 章绪论主要介绍了南水北调中线岩土工程相关技术动态;第 2 章主要介绍了南水北调中线岩土工程质量检测关键技术,主要包括超大粒径粗粒土渗透检测技术、低透水性塑性防渗墙渗透检测技术和逆止阀/排水管道水密性检测技术;第 3 章、第 4 章主要开展了弹塑性损伤条件下土工膜抗渗特性试验研究和复合土工膜老化预测模型研究;第 5 章开展了可移动式边坡工程安全监测模块开发;第 6 章建立了材料物性变化下边坡工程安全系数计算模型;第 7 章开展了随机与模糊参数下边坡工程安全预测评估的信息融合方法研究;第 8 章对全书进行了概述和总结。

本书由河南黄科工程技术检测有限公司成金帅、黄河水利科学研究院郭欣伟编写第 1 章、第 2 章,由黄河水利科学研究院张敏、罗立群编写第 3 章、第 4 章,由黄河水利科学研究院杨浩明、刘巍巍编写第 5 章、第 8 章,由黄河水利科学研究院董成会编写第 6 章、第 7 章;全书由张敏、罗立群统稿,刘巍巍、郭欣伟校对。

本书在编著过程中得到了黄河水利科学研究院工程力学研究所岩土工程研究室全体同志、杭州电子科技大学文成林教授、南昌大学刘小文教授、华北水利水电大学硕士生牛亚宁等的热心帮助与大力支持;编写过程中,参考并引用了国内外大量专家学者的科技成果。本书得到了国家重点研发计划课题"膨胀土岸坡和堤坝渗透失稳监测预警(编号:2017YFC1501202)",国家自然科学基金项目"黄河坝岸散抛根石水流冲揭机理研究(编号:51509104)""面向大型工程安全预测与评估的信息融合方法(编号:60934009)",水利部项目"防渗墙及低渗透性材料渗透系数测试系统技术示范(编号:SF - 201711)"的资助并引用了部分成果,在此一并表示最诚挚的谢意。

限于作者的水平和经验,本书尚有不妥之处,敬请读者批评指正,相关意见与建议请发电子邮件至 zhangmin2000203@163.com。

编　者

2018 年 11 月

目　录

第1章 绪 论

1.1 南水北调中线岩土工程质量检测技术动态

1.1.1 超大粒径粗粒土渗透系数测定技术方面

粗粒土是按工程分类标准定名的一类土,按现行国家标准、水利部行业标准把粒径在 0.075~60 mm 且含量大于 50% 的土划分为粗粒土,习惯用固定粒径 5 mm 作为粗粒土的粗、细料的分界。近年来,南水北调等大型水利工程建设中,由于工程战线长,施工用土料需求巨大,就地取材成为重要手段。南水北调工程沿线区域的土料,粒径小的粗颗粒土量较少,大多为粒径超过 60 mm 但小于 100 mm 的超大粒径粗粒土,即粒径 60 mm ≤ d_{85} ≤ 100 mm(d_{85} 是指填料中颗粒含量小于 85% 时的直径)。试验表明,超大粒径粗粒土经过正确的配比,可以达到工程用料的要求。目前,常用的室内测定土体渗透系数的仪器主要有 70 型渗透仪、南 55 型渗透仪和垂直渗透变形仪等,其内径多为 200 mm 和 300 mm,根据《土工试验规程》(SL 237—1999)的规定,应按仪器内径大于试样粒径特征值 d_{85} 的 5 倍选择仪器。因此,现有的设备能够测试的粒径范围有限,d_{85} 不超过 60 mm。张福海(2006)研制出内径 300 mm 的粗颗粒土渗透系数及土体渗透变形测试仪,测定了卵石夹粉土的垂直渗透系数和临界水力梯度;郑瑞华(2007)研制了直径为 600 mm 和 305 mm 垂直方向的大型无黏性土渗透仪,并对积石峡水利枢纽面板坝的垫层料、过渡料进行了试验;马凌云(2009)对粗粒土渗透特性试验系统的改进,满足对超高面板坝渗流试验的要求,但其试样的直径为 300 mm;何建新(2010)设计大型水平渗透试验装置,开展了无黏性粗粒土大型水平渗透试验研究;王俊杰、陈春鸣(2013)采用自制渗透仪器开展了粗粒土渗透系数影响因素试验研究,但试样直径为 315 mm;朱国胜(2012)开展了宽级配粗粒土渗透试验尺寸效应及边壁效应研究。由于之前在水利工程中使用超大粒径粗粒土非常少,同时在水利工程中使用该类土料时,需配比较多的黏性土小颗粒,加之试样尺寸较大,试样很难进行排气饱和,因此目前还没有超大粒径粗粒土(60 mm ≤ d_{85} ≤ 100 mm)渗透性能的测试仪器和成熟的测试方法。随着南水北调等大型工程的建设,超大粒径粗粒土在工程中的应用会越来越广泛,研制一套能对超大粒径粗粒土渗透特性进行测试的仪器,是非常有必要的。需针对超大粒径粗粒土的工程特性,合理选取测试筒直径,优化排气与加压方法,开发超大粒径粗粒土渗透系统测定装置,可为工程试验与质量控制提供技术支持。

1.1.2 塑性防渗墙渗透指标测定技术方面

随着水利工程的迅猛发展,出现了多种适宜用于防渗墙工程的材料,且其渗透系数大

多小于 10^{-6} cm/s,其中南水北调中线工程中塑性防渗墙应用较多,采用目前的试验方法检测困难。目前,防渗墙渗透性能的室外试验方法主要有物探法、土工试验法。物探法仍处于探索阶段,主要有高密度电法、地质雷达法、可控源音频大地电磁测深法、面波法、工程 CT 法等,在堤防、大坝坝基、隧道等防渗墙检测中已有初步的应用,主要用于定性评价。土工试验法包括现场与室内试验方法,其中现场试验主要有注水法、压水法、围井法等,可用于定量评价;室内试验方法多采用渗透仪,主要有 70 型渗透仪、南 55 型渗透仪和垂直渗透变形仪等,其渗透系数的测定范围大于 10^{-6} cm/s。张虎元(2011)采用美国 HUMBOLDT 公司生产的 HM-4160A 型柔性壁渗透仪,开展了膨润土改性黄土衬里防渗性能室内测试与预测;姚坤(2011)研制了混凝土防渗墙渗透试验装置,但仅限用于塑性混凝土防渗墙;李建军(2012)研制了泥浆渗透试验仪,可开展防渗墙粗粒土槽孔泥皮的抗渗性试验。随着水利工程的迅猛发展,出现了多种适宜用于防渗墙工程的材料,且其渗透系数大多小于 10^{-6} cm/s,试验时对压力控制、接触面防渗、测试精度等要求更高,目前还没有测试多种低渗透性能塑性防渗墙的仪器和成熟的测试方法。随着新型材料塑性防渗墙的广泛应用,研制一套能对多种塑性防渗墙渗透特性进行测试的仪器,是非常有必要的。需针对新型低透水性塑性防渗墙的工程特点、材料特性以及渗流理论,改进样品夹持器,合理配置水压力控制系统,开发塑性防渗墙渗透指标测定装置,从而为塑性防渗墙工程试验与质量控制提供技术支持。

1.1.3　逆止阀/排水管道水密性测定技术方面

在水利、生物、环境等工程建设中,沟、渠、岸坡以及其他一些工程结构常常会面临地下、地表以及其他方面的给水排水问题,需大量的给水排水阀门,南水北调中线工程中逆止阀/排水管道应用较多。密封性是容器满足特定功能的基本指标,逆止阀的水密性测试指标中,加载水压时阀门保证逆向不渗漏的压力值测量方法与给水排水管道的水密性测试方法相近,部分专家开展了容器的密封性能测试研究,如给水排水管道多采用气压法或水压法测试其水密性,周志钢(2005)提出模块化可编程控制器测定氢冷发动机的密封油系统状态,Richard Turcotte(2005)提出了测定容器最小燃烧压力的试验方法,Michael Fox(2008)提出了压力容器孔口阻力的测量方法,Lixiao Li(2012)研究了微细观结构的水密性能,孙海波(2013 年)提出了盾构机主轴承密封系统的静态建压测试方法,许国康(2013)提供了航空产品整体油箱的先进检漏技术及其实施方案。也有部分逆止阀密封性能的研究成果,如阎耀保(2013)基于气动潜孔锤用气动逆止阀的密封特性分析,提出了优化方案,逆止阀的水密性测试多采用现场试验,存在现场测试复杂、荷载施加困难、观测周期长、测量精度低、样品容易破坏等问题,目前还没有室内测试逆止阀水密性的仪器和成熟的测试方法。随着生物、环境、水利等工程的迅猛发展,多数新型材料逆止阀的广泛应用,研制一套能室内测试逆止阀水密性的仪器,是非常有必要的。

1.2　南水北调中线土工合成材料抗渗与老化测试技术动态

1.2.1　土工膜材料力学特性测试技术方面

国内外学者在土工膜应力—应变关系方面做了大量的研究工作,Giroud 用窄条拉伸试验方法研究了土工膜的应力—应变关系;Merry 等通过液胀多轴拉伸试验得到双曲线形式的土工膜应力—应变关系方程;Zhang 等分别用不同试验方法给出了各种形式的基于拉伸应变速率的土工膜应力—应变关系黏弹性模型,但这些模型都比较复杂,模型参数计算也不方便,需要进行专门的试验,所以并未成为工程师们设计时所能采用的实用模型;Wesseloo 等用宽条拉伸试验方法得到了基于应变率的土工膜应力—应变关系分段函数模型;Giroud 通过理论分析指出土工膜泊松比并非常数,而是随着延伸率的增加不断降低,并推导出土工膜泊松比随应变变化的数学表达式。通过总结可以发现上述有关土工膜力学特性的研究成果虽然较多,但所采用的试验方法主要有两类,即条带拉伸试验和液胀多轴拉伸试验。条带拉伸试验又分为单向窄条拉伸试验和单向宽条拉伸试验。为了模拟土工膜在实际应用中的复杂受力情况,张思云等采用十字形试样对 PE 土工膜进行了双向拉伸试验研究,探索土工膜在双向拉伸与单向拉伸条件下力学性质的差别。任泽栋等提出了薄壁圆筒双向拉伸测试方法,并利用有限元软件中的线弹性模型对相同位移荷载条件下的各种试验方法进行数值模拟。为了探索和比较不同种类的土工合成材料在双向受力情况下的力学性能,张思云等选取聚乙烯(PE)土工膜和聚丙烯(PP)非织造土工布进行单向和双向拉伸试验。吴云云等就双向拉伸试验的试样制取、变形量测以及厚度测定进行了有关探讨。

1.2.2　土工膜水力学特性测试技术方面

国外主要采用柔性壁渗透仪对低渗透性的材料进行渗透性能试验,其中利用柔性壁渗透仪研究黏土衬垫的防渗性能已经很成熟,不同尺寸缺陷的聚乙烯土工膜渗透系数的变化规律以及高密度聚乙烯缓慢开裂对复合衬垫防渗效果的影响均已得到广泛研究。目前,土工膜防渗在我国虽然得到了广泛的应用和发展,但对土工膜实际运行状态下水力学特性的研究尚不够深入,现有的试验和理论研究多基于未受力土工膜(完好土工膜)的水力学特性研究。刘让同等通过对非织造复合土工膜微观结构的分析,阐述了非织造复合土工膜的水渗透破坏机制。白建颖等通过理论分析及试验数据得出渗透性能中水头差及流速的关系式,并对测试标准取值方法提出建议。刘桂英等讨论了目前土工膜、复合土工膜渗透性能(蒸汽透湿系数、渗透系数、耐静水压)的三种试验方法。姜海波对大面积土工膜防渗体渗透系数进行了研究。张光伟等以高密度聚乙烯复合土工膜为试验材料,从微观结构上揭示了渗透系数变化的原因。张书林针对土工膜试样过水面积和水压力大小等因素对测试时间的影响进行研究分析,通过最优化配置,给出了不同渗透系数的测定条件建议。现有土工膜水力学特性试验方法的缺陷及局限性导致土工膜试验过程中的抗渗性能与实际运行性态不一致。为揭示土工膜实际运行中的渗透变形特性,准确预测土工膜受力后抗渗性能及安全度,有必要探索弹塑性损伤条件下土工膜抗渗特性试验方法,对最接近其运行形态的抗渗性能进行系统深入的研究。

1.2.3　复合土工膜老化试验研究方面

土工合成材料一旦发生老化,其强度等特性会发生不同程度的下降,当其性能下降至一定程度时,必然影响工程的正常运行与功能发挥,用力学性能衰减规律评价其使用寿命是最可靠的方法之一。Rollin 等(1994)对用于垃圾填埋场大约 7 年的高密度聚乙烯土工膜进行了研究,指出考虑室外自然老化与人工加速老化结果之间的相关性时,必须考虑温度的影响。R. Kerry Rowe 等(2014)通过五种不同温度(55 ℃、65 ℃、70 ℃、75 ℃、85 ℃)下的室内老化试验,研究了高密度聚乙烯土工膜厚度对土工膜使用寿命的影响,指出在其他条件完全相同的情况下,可以通过增加土工膜厚度来延长土工膜使用寿命。甘采华等(2007)为了了解土工合成材料的抗紫外线老化的能力,对土工合成材料进行了室外现场模拟老化试验,得到了材料抗拉强度随老化时间变化的规律。对于土工合成材料的老化试验,在室内老化试验研究方面,侧重于考察直接暴露在自然环境条件下土工合成材料老化性能的研究,室内加速条件主要考虑紫外线、温度的影响;在室外老化试验研究方面,也主要考察直接暴露在自然环境条件下的土工合成材料老化性能的研究,对于覆盖有保护层的情况研究虽然有所涉及,但针对性不强,与实际工程结合不密切。因此,模拟工程实际应用环境,开展土工合成材料的室内加速老化试验研究应受到足够重视。

1.2.4　复合土工膜老化预测模型研究方面

通常情况下复合材料的寿命预测都是基于实验室加速老化试验进行的,利用时间—温度之间的关系,从而确定土工合成材料的使用寿命。在塑料行业,人们很早就开始关注人工气候老化和大气老化的相关性以及使用寿命的预测,早期的工作是由 Reinhardt 等(1958)提出的解析方法无法准确描述人工加速老化和大气自然老化的相关性,更无法应用于预测塑料的使用寿命。在 Reinhardt 的解析方法基础上,又产生了一种化学的方法,定性地描述了材料的老化性能和曝露前材料的化学组成之间的关系,大多用于材料开发领域以研究和评价不同的添加剂、防老剂对材料耐久性的影响。Langshaw(1960)提出了可以称之为寿命函数法的方法,给出了一个老化速率的一般方程,但是不能反映曝露条件与塑料性能变化之间真正的数学关系。Yu. V. Suvorova 等(2010)研究了不同应力条件下,土工合成材料延伸率随时间的变化规律,选取俄罗斯 Rabotnov 非线性公式评估时间和应力对土工合成材料拉伸性能影响,试验结果表明,这种评估分析方法可以用于一定压力作用下土工合成材料耐久性能的预测。尚建丽等(2011)建立了 EPDM(三元乙丙橡胶)防水卷材使用寿命模型,对其使用寿命进行预测。在老化预测模型研究方面,基于热老化加速试验成果进行外推计算,从而得到材料预估寿命,是目前较为常用的方法,通过湿热老化加速试验预估材料寿命尚无成熟经验。然而南水北调工程渠道防渗中,影响土工合成材料老化性能的因素,更多涉及温度、水分等因素。因此,模拟实际应用环境,开展室内湿热老化加速试验,据此建立复合土工膜使用寿命预测模型更为必要。

1.2.5 复合土工膜数值分析研究方面

南水北调工程中,渠道是输配水的主要载体,而复合土工膜作为渠道防渗材料,它与垫层材料界面力学特性决定着渠道土工膜防渗结构稳定性以及整个渠道的安全性。柳青祥等(2003)根据三维有限元法计算出大坝不同高程的应力应变以及复合土工膜的受力及变形,依据室内试验值,提出大坝工程应采用的土工膜厚度及质量密度,并对复合土工膜在不同坡度坝面铺设时的抗滑稳定性进行了计算。尚层(2012)在总结前人研究成果的基础上,从复合土工膜结构角度出发,结合实际工程,采用 ABAQUS 大型通用软件,对土石坝复合土工膜防渗斜墙在不同条件下(锚固形式、坝高、摩擦系数和坝坡)的应力变形进行了三维有限元数值计算,得到了土石坝复合土工膜防渗斜墙应力变形的特点和规律。吴俊杰等(2013)为了解全库盘防渗复合土工膜的应力应变特性,结合新疆某山前倾斜平原全库盘防渗复合土工膜堆石坝,采用三维非线性有限元进行应力应变分析,对库盘防渗复合土工膜进行了安全评价。多数学者采用有限单元法/有限差分法对复合土工膜加固大坝方案进行分析与研究,得出了相应的应力与稳定性分析规律,但其研究成果多针对大坝,且考虑因素相对单一。对于南水北调工程而言,输水建筑物主要为渠道,其结构和功能与大坝尚有较大区别,且需考虑的影响因素也相对较多,因此开展复合土工膜老化对南水北调渠道安全影响的数值分析具有较强的理论意义与实用价值。

1.3 南水北调中线边坡工程安全监测技术动态

水利工程安全监测技术最早是从 19 世纪 90 年代从大坝监测发展而来,到 20 世纪 50年代以来快速发展,自动化程度逐渐提高,迅速发展到水利枢纽、堤防工程、水闸、渠道等工程中。欧美等发达国家在水利工程自动化监测技术方面的研究较为成熟,涌现了众多研究成果。从其发展过程来看,监测数据采集系统都是由集中式采集向分布式采集方向发展,其核心部件——量测控制单元(MCU)多采用模块化结构,极大方便了系统的集成和维护;而监测数据的采集与传输方式沿着人工测量—有线—无线的路径发展;同时,监测设备的自动化程度也逐步提高,设备控制软件的功能更加全面。

1.3.1 监测数据采集系统研究方面

意大利在 Chotas 坝上安装了集中式数据采集仪,并在此基础上进一步研制了 GPDAS分布式数据采集系统;美国基美星(Geomation)公司的 2300 型分布式监测系统可远程控制测量、通信及数据分析等功能,测量单元、网络监控站及传感器可以进行相互通信,并基于此推出了新型的 2380MCU(监测单元)。美国 DGSI 公司研制 Logger 监测数据系统,实现了监测设备的模块化设计,按照传感器数量与信号类别设计了不同型号的采集模块,且可以自由扩展;加拿大 Roctest 公司开发的 Senslog1000x 安全监测数据自动采集系统,实现了数据采集模块对各类信号的兼容,并且可扩展到 255 个采集通道,满足大型工程的监测需求;美国基康公司近年来推出了微功耗小型数据采集仪,可最多连接 6 个传感器,具备远程无线传输功能,但仅兼容基康品牌的振弦式传感器,测量项目包括渗压、土压力与水位等。此外,分布式光纤传感技术也逐步应用于数据采集系统。我国的水利工程监测起步较晚,相比于欧美发达国家仍有一定差距。国内目前比较先进的系统主要是大坝监测自动化系统,包括南京水利水文自动化研究所(南瑞集团)研发的 DAMS 型大坝安全监测自动化系统、西北勘察设计院推出的 LN 型大坝安全监测自动化系统等。近年来国内学者在大坝自动化监测方面取得了较多研究成果:重庆大学的廖海洋等基于嵌入式技术和 GPRS 无线网络技术,提出了一种新型多参数微小型水质监测系统,可以实现水体化学成分的实时和远程监测;南昌大学的陈伟慧等基于嵌入式技术研究了污水多参数监测系统,实现了污水 pH、化学需要量、排放量等参数的远距离监测;刘建林等利用 linux 系统与嵌入式技术,研究大坝安全监测系统数据集中器,优化了数据存储方式,提高了数据传输效率。与大坝监测自动化的研究相比,国内针对堤防监测系统的研究较少,黄河水利委员会于 2011 年与荷兰 AGT 公司在黄河下游防洪工程焦作温县段开展堤防工程险情预警预报系统的试点建设,用于观测长距离堤段的整体变形情况,并搭建了自动化数据采集系统;长江水利委员会周小文等在长江谌家矶地区堤防开展试验,建立了 DSEWS 监测系统,实现了渗透压力与变形数据的自动监测;黄河水利科学研究院岩土力学与工程研究团队基于水利部"948"项目,引进吸收美国 AGI 边坡监测系统并进行二次开发,研究了国产传感器的替代方案,实现了监测数据的自动采集、无线传输、多模式预警、人机自由交互等功能,在山东德州黄河放淤固堤工程、河南焦作黄河放淤固堤工程、长江堤防张家港段开展监测试验,结合试验经验对仪器设备进行了优化升级,在此基础上申请了 2 项发明专利。但对于战线长、断面多、测点分散的堤坝工程安全监测,现有主流产品存在系统造价高、设备安装复杂、设备管理困难等问题,使得堤坝工程的安全监测普及程度较低。

1.3.2　监测数据通信与传输技术研究方面

大型工程的监测自动化发展过程与数据传输技术的发展息息相关,最初的传感器监测数据依靠人工采集,随着通信技术的发展,先后出现了以串口通信、同轴电缆、光纤等为代表的有线传输技术和以蓝牙、Wi-Fi、GPRS 等为代表的无线传输技术。串口通信是计算机上一种非常通用的设备通信协议,由美国工业电子联盟(EIA)制定,常见的标准接口有RS485 和 RS232,其优点是传输线路少,但受制于低速串行单端标准,数据传输效率低且容易受到干扰。同轴电缆技术由于其很好的屏蔽特性,密织网状导体能够有效隔离外界电磁干扰,有较好的噪声抑制特性,传输距离也远超串口通信,可以达到数百米至上千米,传输速率也较串口通信快很多,香港理工大学的殷建华教授和浙江大学的陈云敏教授在边坡监测中,利用同轴电缆技术进行 TDR(时间域反射仪)测量,取得了良好的效果。光纤技术与同轴电缆结构相似,具备信号衰减小、传输速率快、不易受到电磁干扰等优势,武汉理工大学的姜德生院士、中国地质科学院的周策等将其成功应用于宜万铁路、湖北秭归、巴东县和重庆巫山县等边坡监测中,但由于配套模块设备和架设成本较高,该技术尚未在监测系统中广泛推广。蓝牙技术是由爱立信公司研发并制定的一种全球性的小范围无线通信技术,蓝牙网络提供点对点、点对多点的无线连接,在一个任意的有效通信范围内,所有设备遵循同等的工作方式,传输效率很高,同时设备是可移动的,组网十分方便,但受制于技术原理,信号覆盖范围小,有效传输距离仅在 10 m 左右,植入成本较高,功耗较大。Wi-Fi 是一种允许电子设备连接到一个无线局域网的技术,通常使用 2.4 G UHF 或 5 G SHF ISM 射频频段,该技术具备使用便捷、组网成本低、传输速率快等特点,在世界范围内广泛应用。但 Wi-Fi 的使用依赖于网络基站,并不完全适用于通信条件较差的野外监测。GPRS 技术(通用分组无线服务技术)是 GSM 移动电话技术的延续,GPRS 以封包(Packet)式来传输,数据传输价格便宜,传输速率也较快,我国与欧美国家在 GPRS 基站的建设方面较为完善,GPRS 信号能够辐射到我国大部分领土,使用较为方便;同时,GPRS 网络引入了分组交换和分组传输的概念,使得数据传输效率大大提高,国内外众多学者在边坡、水库、桥梁、隧洞等众多工程监测中采用 GPRS 技术实现监测数据的无线传输,研究成果较为丰富。通信技术的迅速发展为监测系统提供了多种数据传输技术,极大地提高了数据传输速率与数据的准确性,而目前国内外主流品牌工程监测系统主要采用一体化设计,传感器与监测主机一般采用电缆传输或单线 GPRS 传输,对于传感器与监测主机之间设置传输与转换模块的研究较为缺乏,在针对堤防工程战线长、断面多、测点分散等特殊的工程情况时,数据传输的精度及传输效率较差,阻碍了监测设备的推广与应用。

1.3.3 人机交互技术研究方面

随着信息技术的发展和数字化产品的普及,嵌入式系统因其专业性强、系统精简、可靠性好等优点逐步应用到监测仪器的研发中。基于嵌入式技术的监测系统将应用程序、操作系统和处理器集成在一起,功能强大、集成度高。但嵌入式系统本身不具备自主开发能力,用户通常无法对其中的程序功能进行修改,随着信息化技术的逐步发展,人机交互技术在嵌入式系统中得到了广泛的应用。人机交互技术是指通过计算机自带的输入、输出设备,通过有效的方式实现人和计算机之间的对话的技术,是认知学、理学、人机工程学、多媒体技术等密切相关的综合学科。20 世纪 60 年代以来,人机交互技术经历了三个阶段:纯手动控制—命令控制语言—图形用户界面,图形用户界面(GUI,GrapHical User)以其丰富的图形图像信息,直观的表达方式与用户交互,以此为基础开发的软件系统简洁、美观、方便好用,更具人性化,已被越来越多的领域所采用。目前主流的嵌入式图形用户界面开发平台包括 MINI-GUI、MicroWindows、OpenGUI 以及 Tiny－X,20 世纪 90 年代以来基于上述平台国外公司开发了一批专业的组态软件,如美国 Wonderware 公司推出的 Intouch、Itelltion 公司的 FIX、德国 SIMATIC 公司的 WinCC 等,但以上软件均只适用于 PC 机,进入 21 世纪国内外研发了众多基于嵌入式操作系统的人机交互界面产品,它们都拥有自己的上位机组态软件。例如,威纶通公司的 Easy Builder 软件、台达公司的 Screen Editor 软件以及富士公司的 UG00S-CW 软件。随着工程技术的发展与各行业不同的需求,人机交互界面的发展趋于多元化,包括界面潮流化、设备智能化、品牌自主化、平台嵌入化、通信全局化以及节能环保化。

1.4　南水北调中线边坡工程安全评价技术动态

1.4.1　材料物性变化下边坡工程稳定安全系数计算模型方面

稳定性分析是边坡安全监控系统的重要组成部分,是边坡工程安全管理的关键。目前,国内外边坡稳定分析与安全评价时,基本上是考虑水位、温度及时效等因素的影响,建立统计模型、确定性模型和混合模型来进行分析与评价,其中经验公式法、有限单元法等是常用的方法。土的抗剪强度指标是地基承载力、土坡和路基稳定性评价的基础。许多实际工程的边界条件非常复杂,求解和测定孔隙水压力异常困难,大部分工程设计中主要采用总应力强度指标。实际上,土的抗剪强度由有效应力决定,并随着剪切面上法向有效应力或孔隙水压力的改变而变化。法向有效应力或孔隙水压力与试样在整个试验过程中孔隙水压力的消散程度有关,土的抗剪强度应该采用有效应力法来计算。目前的边坡工程稳定安全系数计算模型未考虑浸润面及材料物性指标变化的影响,与实际情况不符,影响分析精度。目前,基于有效应力强度指标的非饱和土抗剪强度变化规律的研究成果,多集中于非饱和土黏聚力、内摩擦角受含水率的影响,而较少考虑密度的影响;目前尚未建立基于含水率与干密度的非饱和土有效应力强度计算公式。在分析非饱和土强度理论的基础上,从土的有效应力强度出发,利用常规三轴仪开展不同含水率、干密度组合的黏土CD试验,探讨含水率及干密度对黏土抗剪强度的影响,得出了干密度、含水率与土体有效抗剪强度之间的相关关系;引入干密度、含水率影响函数,建立考虑土体干密度与含水率影响的边坡工程稳定安全系数计算模型,从而考虑水位变化及材料物性对边坡工程安全的影响。

1.4.2　随机与模糊参数下边坡工程安全预测评估方面

影响边坡稳定性的因素主要有内在因素和外部因素两方面,内在因素包括组成边坡的地貌特征、岩土体的性质、地质构造、岩土体结构、岩体初始应力等。外部因素包括水的作用、地震、岩体风化程度、工程荷载条件及人为因素。内在因素对边坡的稳定性起控制作用,外部因素起诱发破坏作用。但是由于受客观条件和人类认识自然能力的限制,并且参数在实际情况中是动态变化的,所以参数的取值往往呈现出多种形式的不确定性,对于某些输入参数,可将其建模为随机变量,所以以基于概率统计的方法已经在边坡稳定性评估中得到深入的研究,并逐渐发展形成了概率岩土学,但边坡模型往往较为复杂,用概率分析方法无法直接得出确定的解析形式,只能通过一些数值分析的方法对评估结果进行近似,如蒙特卡罗法等,但是这些方法也存在着很多不足:蒙特卡罗法是根据稳定性判别函数输入参数的统计值,由判别函数表达式求得输出函数值的随机样本。如此重复,得到达到预期精度的仿真次数 N,并得到 N 个相对独立的函数样本值,利用这些样本值求得输出函数的概率统计信息,据此判断边坡是否稳定。蒙特卡罗法最大的不足是计算量较大,一般要达到上百万次。如何加快边坡稳定性分析效率与精度是边坡稳定性分析的重点与难点。

第 2 章　南水北调中线岩土工程质量检测关键技术研究

2.1　超大粒径粗粒土渗透检测技术研究

2.1.1　概述

粗颗粒土指的是粒径大于 0.075 mm 且小于 60 mm 的颗粒,粗粒土属于典型的非均质多孔介质,由高渗透性的卵石、砾石和低渗透性的砂、土复合而成。粗粒土作为一种天然建筑材料分布广泛、储量丰富。由于其具有压实性能好、透水性强、填筑密度大、强度高、变形小等工程特性,在水利、交通、建筑等工程中常作为坝基、堤基、路基、屋基的填料。由于粗粒土的构成成分与级配不同,其渗透性能差距非常大,渗透破坏是工程出险的主要原因之一,因此在工程中采用的粗粒土料需要进行其渗透性能的测试。近年来,南水北调等大型水利工程建设中,由于工程战线长,施工用土料需求巨大,就地取料尤为重要。南水北调工程沿线区域的土料,粒径小的粗颗粒土量较少,大多为粒径超过 60 mm 但小于 100 mm 的超大粒径粗粒土,即粒径 $60\ \mathrm{mm} \leqslant d_{85} \leqslant 100\ \mathrm{mm}$。试验表明,超大粒径粗粒土经过正确的配比,可以达到工程用料的要求,但其粒径超过了现有粗粒土渗透系数测定装置的测定范围,目前没有合适的超大粒径粗粒土渗透系数测定装置与方法。

目前,常用的室内测定土体渗透系数的仪器主要有 70 型渗透仪、南 55 型渗透仪和垂直渗透变形仪等,其内径多为 200 mm 和 300 mm,根据《土工试验规程》(SL 237—1999)的规定,应按仪器内径大于试样粒径特征值 d_{85} 的 5 倍选择仪器。因此,现有的设备能够测试的粒径范围有限,d_{85} 不超过 60 mm。张福海(2006)研制出内径 30 mm 的粗颗粒土渗透系数及土体渗透变形测试仪,测定了卵石夹粉土的垂直渗透系数和临界水力梯度;郑瑞华(2007)研制了直径为 600 mm 和 305 mm 垂直方向的大型无黏性土渗透仪,并对积石峡水利枢纽面板坝的垫层料、过渡料进行了试验;马凌云(2009)对粗粒土渗透特性试验系统的改进,满足对超高面板坝渗流试验的要求,但其试样的直径为 300 mm;何建新(2010)设计大型水平渗透试验装置,开展了无黏性粗粒土大型水平渗透试验研究;王俊杰(2013)等采用自制渗透仪器开展了粗粒土渗透系数影响因素试验研究,但试样直径小于 315 mm。由于之前在水利工程中使用超大粒径粗粒土非常少,同时在水利工程中使用该类土料时,需配比较多的黏性土小颗粒,加之试样尺寸较大,试样非常难以进行排气饱和,因此目前还没有超大粒径粗粒土($60\ \mathrm{mm} \leqslant d_{85} \leqslant 100\ \mathrm{mm}$)渗透性能的测试仪器和成熟的测试方法。随着南水北调等大型工程的建设,超大粒径粗粒土在工程中的应用会越来越广泛,研制一套能对超大粒径粗粒土渗透特性进行测试的仪器,是非常有必要的。

针对超大粒径粗粒土的工程特性,合理选取测试筒直径,优化排气与加压方法,开发超大粒径粗粒土渗透系统测定装置,并提出了相应的测试方法,为工程试验与质量控制提供技术支持。

2.1.2 测定装置

超大粒径粗粒土渗透系数测定装置包括测试筒、自动加压系统、测压管、量筒(见图2-1、图2-2)。

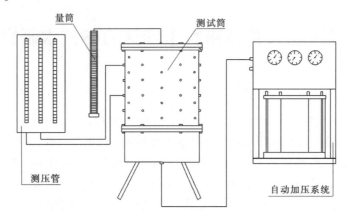

图2-1 超大粒径粗粒土渗透系数测定装置示意图

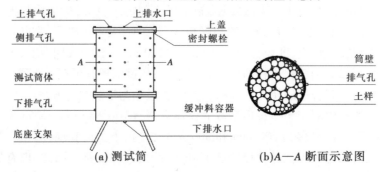

(a) 测试筒   (b)A—A 断面示意图

图2-2 测试筒示意图

2.1.2.1 测试筒

测试筒由底座支架、缓冲料容器、筒身和上盖组成。其中,缓冲料容器支撑在底座支架上部,缓冲料容器的侧壁设置有下排气孔,下部设有下过水口;缓冲料容器上部与筒身通过密封螺栓连接,筒身上设置多个筒壁测压排气孔,每个筒壁测压排气孔设有阀门;筒身上部通过密封螺栓与上盖连接,上盖的上端设有上过水口和上排气孔;自动加压系统与下过水口连通,测压管与筒壁排气孔连通。

筒内填充待测粗粒土料,筒内径500 mm。筒顶和筒底有入、出水口及排气孔。筒壁设有多个测压孔,筒壁上附有渗透压力测压管。进行土体排气饱和时,筒壁测压孔可作为排气孔,可与筒顶和筒底的排气孔共同加速排气。

2.1.2.2 液体(水)自动加压系统

自动加压系统由加压泵产生加压液体,经过压力控制系统,由加压软管输送到试样中,进行超大粒径粗粒土渗透系数的测试试验。该试验设备采用循环用水,节约试验用水。

2.1.2.3　测试系统

(1)水压力测试系统:由自动加压系统的压力控制系统及测压管系统量测。

(2)单位时间内的出水量量测系统。

(3)水量量测可以由量筒进行计量。

2.1.2.4　测定装置特点

(1)可用于开展超大粒径粗粒土料渗透特性试验,本仪器适用粒径范围为 $60 \text{ mm} \leqslant d_{85} \leqslant 100 \text{ mm}$,可以测试粗粒土的粒径范围更大。

(2)测试筒筒壁设有多个测压孔,在进行土体排气饱和时,筒壁测压孔可作为排气孔,可与筒顶和筒底的排气孔共同加速排气,从而使试样迅速达到饱和状态。加速排气法克服了由于试样尺寸较大,部分试验材料的渗透性较低,试样饱和困难的问题。

(3)经过大量试验验证,进行试样饱和时,用温度 25 ~ 40 ℃的热水,能够使超大粒径样品快速达到饱和,而且对样品的化学、物理稳定性影响最小。

(4)采用的测试方法对设定的渗透坡降递增值进行测试,能够大大降低对样品的破坏,快速准确地测定超大粒径粗粒土的渗透系数。

(5)该仪器结构简单,操作方便,而且采用循环用水,大大节约了试验用水,从而节能减排。

2.1.3　测定方法

2.1.3.1　在缓冲料容器内填充缓冲层

准备好超大粒径粗粒土渗透系数测定装置,在缓冲料容器内填充细砾石作为缓冲层,用以缓冲水流并将渗水压力平均分散。

2.1.3.2　试样制备

1.扰动样制备

(1)选取试样,对试样进行颗粒分析,确定试样级配曲线,并绘制颗粒级配曲线图。

(2)根据需要控制的干密度及试样高度,按照式(2-1)计算试样质量。

$$m_{\text{d}} = \rho_{\text{d}}\pi r^2 h' \tag{2-1}$$

式中:m_{d} 为试验需要的干土质量,g;ρ_{d} 为需控制的干密度,g/cm³;r 为仪器筒身半径,cm;h' 为试样高度,cm。

(3)称取试样后,在试样中加相当于试样质量 1% ~ 2%的水分,拌和均匀后,将试样分层装入筒身内,每层的级配应相同,分层厚度:砂土为 2 ~ 3 cm,砂砾石及砂卵石为 d_{85} 的 1.5 ~ 2.0 倍。

(4)对于风化石渣或易击碎的土料,采用振动加密法击实,其他土料用击实锤击实;击实后试样总厚度:砂土不小于 10 cm;细砾石不小于 15 cm;中粗砾石为 20 ~ 25 cm;卵石不小于 d_{85} 的 3 ~ 5 倍,以包括试样中最大颗粒为准。

2.原状样制备

(1)取样位置:应选择具有代表性地层和渗流流态条件的不同部位,如防渗墙底部、坝基墙底部、坝基内部段、水流出逸段、抗渗强度较低处等部位取样。

（2）在取样地点，首先挖一尺寸大于试样尺寸的土柱，除去土样表面的扰动土，再用削土工具小心地慢慢地将土样削至要求尺寸与形状。

（3）环绕土柱底四周的水平面上铺垫一层砂，并使砂垫平整。

（4）套上筒身，筒身与试样周围间隙大致相等，间距 10 cm 左右，埋设中间测压管，然后在试样周围浇筑膨胀快凝水泥砂浆。

（5）养护 24 h，待砂浆有一定强度后，小心地切断土柱，将试样削平。

2.1.3.3　渗透系数测定

（1）将扰动样或原装样按安装要求填放在筒身内，测量试样的实际厚度。

（2）对试样进行排气饱和：在自动加压系统内储存热水或常温自来水，热水温度为 20 ~ 40 ℃，优选自来水温度为 25 ℃。

常温自来水应当是储存至少一天并曝气后的自来水，将自动加压系统连通至下过水口，并使自动加压系统的水位略高于试样底面位置，再逐渐增大自动加压系统的水压，让水从试样的底部向上渗入，与此同时，随着水位上升，应使相应的测压管处于排气状态，以完全排除试样中的空气，使试样缓慢饱和。

（3）增大渗透压力，使得上过水口开始有水流出，保持常水头差，形成初始渗透坡降。

（4）对于管涌土，加第一级水头时，初始坡降为 0.02 ~ 0.03；然后按 0.05、0.1、0.2、0.3、0.4、0.5、0.7、1.0、1.5、2.0 的坡降递增，在接近临界坡降时，渗透坡降递增值应酌量减小。对于非管涌土，初始渗透坡降比管涌土适当提高，渗透坡降递增值应适当放大。

（5）每次升高水头 30 min 至 1 h 后，测量并记录筒身侧壁上 5 个等距的筒壁测压排气孔的水位 ΔH_1、ΔH_2、ΔH_3、ΔH_4、ΔH_5，计算两相邻筒壁测压排气孔水位差的平均值，作为计算使用的水头差 ΔH，并用量筒测量上过水口单位时间 Δt 的渗水量 Q，每次测量间隔的单位时间 Δt 为 10 ~ 20 min；连续 4 次测得的水位及渗水量基本稳定，即可提升至下一级水头。

（6）对于每级渗透坡降，均按照步骤（5）的做法重复进行，直至试样破坏，水头不能再继续增加时，即可结束试验。

2.1.3.4　渗透系数计算

1. 干密度

干密度用下式计算：

$$\rho_{\mathrm{d}} = \frac{m_{\mathrm{d}}}{\pi r^2 h} \tag{2-2}$$

式中：ρ_{d} 为干密度，g/cm^3；m_{d} 为试样干质量，g；r 为试样半径，cm；h 为试样高度，cm。

2. 孔隙率

孔隙率用下式计算：

$$n = \left(1 - \frac{\rho_{\mathrm{d}}}{\rho_{\mathrm{w}} G_{\mathrm{s}}}\right) \times 100\% \tag{2-3}$$

式中：n 为孔隙率（%）；ρ_{w} 为水的密度，g/cm^3；G_{s} 为土粒比重。

土粒比重 G_{s} 应为粗、细颗粒混合比重，即

$$G_{\text{s}} = \frac{1}{P_1 / G_{\text{s1}} + P_2 / G_{\text{s2}}} \tag{2-4}$$

式中：G_{s1}、G_{s2} 分别为粒径大于 5 mm 和小于 5 mm 的土粒比重；P_1、P_2 分别为粒径大于 5 mm 和小于 5 mm 的土粒含量(%)。

3. 渗透坡降

渗透坡降用下式计算：

$$i = \frac{\Delta H}{L} \tag{2-5}$$

式中：i 为渗透坡降；ΔH 为测压管水头差平均值，cm；L 为与水头差 ΔH 相应的渗径长度，cm。

4. 渗流速度

渗流速度用下式计算：

$$v = \frac{Q}{A} \tag{2-6}$$

式中：v 为渗流速度，cm/s；Q 为单位时间渗流流量，cm^3/s；A 为试样面积，cm^2。

5. 渗透系数

渗透系数用下式计算：

$$k_{\text{T}} = \frac{v}{i} \tag{2-7}$$

式中：k_{T} 为渗透系数，cm/s。

2.1.4　工程应用

南水北调中线一期总干渠沙河南至黄河南干渠工程全长 234.75 km，起于河南省鲁山县马楼乡薛寨村北，止于河南省荥阳市王村乡新店村北。其中，禹州长葛段工程位于河南省禹州市及长葛市境内，设计段长 53.7 km。禹州长葛段第五施工标段"禹长—5"[桩号：SH(3) 79 + 500 – SH(3) 88 + 500]由中国水利水电第四工程局有限公司承建，位于禹州市境内，自禹州杨村西南至颍河左岸，全长为 9 km。标段内共有各类建筑物 19 座，其中颍河渠倒虹吸 1 座、节制闸 1 座、退水闸 1 座、分水闸 1 座，左岸排水 4 座、渠渠交叉 1 座、公路桥 6 座、生产桥 3 座和铁路桥 1 座。禹州长葛段分布着第四系下更新统(Q_1) 和中更新统(Q_2)，含有大量的泥砾层、砂砾岩、砂卵石，渠道设计有挖方和填方，开挖出的壤土远不能满足渠道填方需要。为了节约宝贵的土地资源，尽量少占耕地，采用渠道开挖的泥砾作为替代料非常必要。

禹州长葛段第五施工标段填方工程设计指标要求土的干密度不小于 2.0 g/cm^3，渗透系数不大于 10^{-6} cm/s，压缩系数不大于 0.05 MPa^{-1}。施工设计时，选取第五施工标段的砂卵石及土料，掺入砂卵石粒径为 20 ~ 100 mm，经室内多组配比试验，得到砂卵石、土料的质量配合比为 33:67 时的工程力学指标如表 2-1 所示。由表 2-1 可知，按砂卵石、土料的质量配合比为 33:67 进行施工时，此粗粒土可满足施工设计要求。

表 2-1　禹州长葛段第五施工标段部分粗粒土配比试验成果

击实指标		渗透指标	固结指标
干密度(g/cm³)	含水率(%)	渗透系数(cm/s)	压缩系数(MPa⁻¹)
2.06	9.9	1.19×10^{-6}	0.021

2.1.5　结论

(1)针对工程中存在的超大粒径粗粒土,基于超大粒径粗粒土渗透特性分析,设计了 $60\ mm \leqslant d_{85} \leqslant 100\ mm$ 的渗透系数测试仪器,并提出了相应的测试方法,可供超大粒径粗粒土渗透性试验与质量检测时参考。

(2)通过加大测试筒直径,扩大了粗粒土渗透系数测试的粒径范围;采用设置多个侧向排气孔的加速排气法,有效地克服了试样尺寸较大,部分试验材料的渗透性较低,试样饱和困难等问题;采用 20~40 ℃的热水,能够使超大粒径样品快速达到饱和,而且对样品的化学、物理稳定性影响小;渗透坡降递增的试验方法降低了试件的破坏。

(3)南水北调中线禹州长葛段第五施工标段试验表明,采用结构简单、操作方便、循环用水的超大粒径粗粒土渗透测试装置,可快速测定渗透系数较低的超大粒径粗粒土渗透系数,从而为工程建设提供了技术支撑。

(4)取得专利为:超大粒径粗粒土渗透系数测定装置(发明专利,专利号:ZL201310066304.3)。

2.2　低透水性塑性防渗墙渗透检测技术研究

2.2.1　概述

塑性防渗墙是指利用钻孔、挖槽机械,在松散透水地基或坝(堰)体中以泥浆固壁,挖掘槽形孔或连锁桩柱孔,在槽(孔)内浇筑水下混凝土或回填其他防渗材料形成具有防渗功能的地下连续墙。塑性防渗墙主要有塑性混凝土防渗墙、水泥土防渗墙、高聚物防渗墙、植入挡水板、膜防渗墙等,由于具有承受水头大、防渗性能可靠、适合各种地层等优点,因而被国内外水利水电工程广泛采用,其中渗透系数是其最重要的指标之一。新型材料的防渗墙渗透系数均较小,因其测试要求自动加压、压力大且稳定、精度要求高,并存在夹持器具与被测试件接触面渗漏等问题,因此防渗墙的渗透系数测定困难。

目前,防渗墙渗透性能的室外试验方法主要有物探法、土工试验法。物探法仍处于探索阶段,主要有高密度电法、地质雷达法、可控源音频大地电磁测深法、面波法、工程 CT法等,在堤防、大坝坝基、隧道等防渗墙检测中已有了初步的应用,主要用于定性评价。土工试验法包括现场与室内试验方法,其中现场试验主要有注水法、压水法、围井法等,可用于定量评价;室内试验方法多采用渗透仪,主要有 70 型渗透仪、南 55 型渗透仪和垂直渗透变形仪等,其渗透系数的测定范围大于 10^{-6} cm/s。张虎元(2011)采用美国 HUM-

BOLDT 公司生产的 HM－4160A 型柔性壁渗透仪,开展了膨润土改性黄土衬里防渗性能室内测试与预测;姚坤(2011)研制了混凝土防渗墙渗透试验装置,限用于塑性混凝土防渗墙。随着水利工程的迅猛发展,出现了多种适宜用于防渗墙工程的材料,且其渗透系数大多小于 10^{-6} cm/s,对压力控制、接触面防渗、测试精度等要求更高,目前还没有测试多种低渗透性能塑性防渗墙的仪器和成熟的测试方法。随着多数新型材料塑性防渗墙的广泛应用,研制一套能对多种塑性防渗墙渗透特性进行测试的仪器,是非常有必要的。

针对新型低透水性塑性防渗墙的工程特点、材料特性以及渗流理论,改进样品夹持器,合理配置水压力控制系统,开发塑性防渗墙渗透指标测定装置,并提出了相应的测试方法,为塑性防渗墙工程试验与质量控制提供技术支持。

2.2.2 测定装置

基于塑性防渗墙的渗透特性分析,采用高精度的水压力控制技术,改进样品夹持方式,提出了低透水性塑性防渗墙渗透指标测定装置(见图2-3、图2-4),包括样品加载器、自动加压系统、量测系统等。

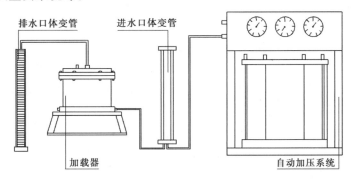

图2-3 低透水性塑性防渗墙渗透指标测定装置示意图

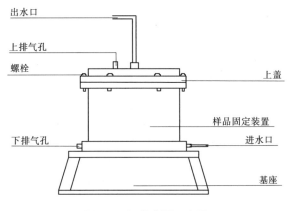

图2-4 加载装置示意图

2.2.2.1 样品加载器

样品加载器包括顶盖、样品夹持器、底座。样品夹持器的内部空间为圆台体形状,用于放置样品,圆台体形状的底部直径比顶部直径大 4~6 mm。样品夹持器的上下端分别通过螺栓与顶盖和底座固定连接,顶盖上设有与样品夹持器连通的上排气孔和出水口,上排气孔为出水排气用,出水口通过橡胶管连接排水量体变管;底座上设有进水口和下排气孔,下排气孔为出水排气用,进水口通过进水端体变管与自动加压系统连通;上排气孔、下排气孔、进水口和出水口设有阀门。

2.2.2.2 **自动加压系统**

自动加压系统通过进水端体变管与进水口连通,利用高精度气压控制式减压阀配合电磁阀控制水压力,通过减压阀、电磁阀协同作用,将产生加压液体由进水口输送到试样中,可精确实现系统自动加压与控制。

2.2.2.3 **量测系统**

量测系统包括进水端体变管和排水量体变管。出水口通过橡胶管连接排水量体变管,用于测定流出试件的渗流流量;进水口通过进水端体变管与自动加压系统连通,用于测定流入试件的渗流流量。

2.2.3 测定装置特点

(1)适用于各种新型低渗透性材料防渗墙的渗透指标测定,克服了以往渗透系数测试装置仅适用于较大渗透系数的材料问题,适应范围更广。

(2)自动加压系统通过进水端体变管与进水口连通,利用高精度气压控制式减压阀配合电磁阀控制水压力,通过减压阀、电磁阀协同作用,可精确实现系统自动加压与控制。

(3)样品夹持器内部空间呈圆台形状,底部直径较顶部直径大 4 ~ 6 mm;试验时,在样品和样品夹持器的缝隙中填满由水泥浆和膨胀土混合而成的浆液,浆液风干后完全填充样品和样品夹持器之间的空隙,使得水不会通过这些缝隙流通,有效避免样品夹持器与被测试样品接触面之间的渗漏。

2.2.4 测定方法

2.2.4.1 **样品制作**

1. 扰动样制作

将组成塑性防渗墙的材料制成浆体,预先将一个干净、无油脂的制样模具放在平板上,并在制样模具的外部周围涂一层密封脂加以密封,然后将浆体倒入制样模具内,用搅拌棒搅拌浆体 20 ~ 30 次,然后用刮刀或直尺刮平,小心地用盖板盖在制样模具上,然后将制样模具置于温度为 22 ~ 25 ℃的温水中进行养护;在样品达到了试验要求后,取出制样模具并置于冷水中冷却,然后将样品从制样模具取出,放在水流下轻轻地刮平、刨毛,去除表面杂物;制作完成的样品形状应当与所述样品夹持器的内部空间的形状相匹配。在测定渗透系数之前,样品应一直浸泡在水中。

2. 原状样制作

在塑性防渗墙工程施工完成后,通过金刚石取心钻钻取岩芯,将试样锯成试验所需的长度,并制作成与样品夹持器内部空间的形状相匹配的圆台形样品,完成后置于 22 ~ 25 ℃的温水中进行养护。

2.2.4.2　测定过程

(1)准备好塑性防渗墙渗透系数测定装置,将制好的样品置入样品夹持器内,直径大的一端为进水端,直径小的一端为出水端,以保证样品在测定过程中越压越紧;在样品和样品夹持器的缝隙中填满由水泥浆和膨胀土混合而成的浆液,浆液风干后应当完全填充样品和样品夹持器之间的空隙,使得水不会通过这些缝隙流通,有效避免样品夹持器与被测试样品接触面之间的渗漏;将顶盖和底座通过螺栓固定在样品夹持器上下端。

(2)通过橡皮管将进水口与进水端体变管一端进行连接,进水端体变管另一端连接至自动加压系统;顶盖的出水口通过橡皮管连接到排水量体变管。

(3)通过自动加压系统对样品夹持器内的样品加水,待上排气孔和下排气孔均有水流出时,关闭自动加压系统,并关闭上排气孔和下排气孔的阀门。

(4)通过自动加压系统加载水压 P,开始进行渗流试验,读取单位时间内进水端体变管的水量 W_1 和排水量体变管的水量 W_2,当 $W_1 = W_2$ 时,可以判定渗流稳定,随后读取连续 3~4 个单位时间 Δt 内的渗流流量 W_t,当连续几个单位时间 Δt 内 W_t 的数值保持稳定时,结束试验。

2.2.4.3　计算

渗透系数 k_t 及渗透坡降 J 按以下公式计算。

$$k_t = \frac{W_t \cdot H \cdot \rho_w}{A \cdot \Delta t \cdot P \cdot 10} \tag{2-8}$$

$$J = \frac{P \cdot 10}{H} \tag{2-9}$$

式中:k_t 是在水温 t 时的试样的渗透系数,cm/s;W_t 为单位时间 Δt 内渗流的流量,cm^3;H 为试样的高度,cm;ρ_w 为水温 t 时水的密度,g/cm^3;Δt 为渗流时间,s;A 为试样顶端横断面的过水面积,cm^2;P 为渗透压力,kPa。

2.2.5　工程应用

南水北调中线焦作段工程全长 76.67 km,从温县赵堡东平滩进入焦作市,于修武县方庄镇的丁村进入新乡市辉县。设计流量 245~265 m^3/s,设计水深 7 m。总干渠宽度为 70~280 m,最大挖深约 32 m(位于马村区境内),最大堤高约 10.25 m(位于山阳区境内),共布置各类交叉建筑物 91 座。南水北调中线一期工程总干渠黄河北—姜河北段焦作 1 段第三施工标(简称焦 1-3 标,设计桩号 Ⅳ38+000 ~ Ⅳ41+400),位于焦作市山阳区,由中国水利水电第七工程局有限公司承建,线路全长 3.4 km,主要包括长度约 2 535 m 的明渠、翁涧河渠倒虹吸、李河渠倒虹吸、1 座公路桥梁及 1 座生产桥等。其中,穿越城区渠道采用了防渗墙工程。

为评价焦作 1-3 标防渗墙工程防渗效果,采用研制的渗透系数测试装置开展防渗墙工程渗透试验,部分试验成果如表 2-2 所示。由表 2-2 可知,所选取的右岸槽段防渗墙的渗透系数与渗透坡降均达到设计要求。

表 2-2　防渗墙渗透参数试验成果

试验时间 (年-月-日)	右岸槽段编号	渗透系数			渗透坡降		
		测试值 （cm/s）	设计控制指标(cm/s)	是否满足设计指标	测试值 （cm/s）	设计控制指标(cm/s)	是否满足设计指标
2012-07-11	43#,45#,47#	5.66×10^{-7}	$<1.00 \times 10^{-6}$	满足	316	≥300	满足
2012-08-06	52#,54#,56#	6.28×10^{-7}	$<1.00 \times 10^{-6}$	满足	318	≥300	满足

2.2.6　结论

（1）针对新型材料塑性防渗墙渗透系数低，目前没有合适的测试装置的问题，基于低透水性塑性防渗墙的渗透特性分析，设计了渗透系数小于 10^{-6} cm/s 的低透水性塑性防渗墙测试仪器，并提出了相应的测试方法，可供低透水性塑性防渗墙渗透试验与质量检测时参考。

（2）改进样品夹持器形状，将样品夹持器内部设计成圆台形状，底部直径较顶部大，有效避免了夹持器具与试件接触面的渗漏；利用高精度气压控制式减压阀配合电磁阀控制水压力，通过减压阀、电磁阀协同作用，可精确实现系统自动加压与控制。

（3）南水北调中线焦作 1-3 标试验表明，采用结构简单、自动控制、操作方便的低透水性塑性防渗墙渗透参数测试装置，可快速测定渗透系数较低的塑性防渗墙渗透系数与渗透坡降，从而为工程建设提供了技术支撑。

（4）取得专利：一种塑性防渗墙渗透系数测定装置及测定方（发明专利，专利号：ZL201310066284.X）。

2.3　逆止阀/排水管道水密性检测技术研究

2.3.1　概述

在水利、生物、环境等工程建设中，沟、渠、岸坡以及其他一些工程结构常常会面临地下、地表以及其他方面的给水排水问题，需大量的给水排水阀门。逆止阀是指依靠介质本身流动而自动开、闭阀瓣，用来防止介质倒流的阀门。逆止阀属于一种自动阀门，其主要作用是防止介质倒流、泵及驱动电动机反转，以及容器介质的泄漏。逆止阀水密性能关键指标为：下部加载水压、阀门开启的起始压力值；上部加载水压、阀门保证逆向不渗漏的压力值；正常排水时，阀门通过的流量值。逆止阀的水密封性能是发挥功能与确保工程安全的关键，如何精确测定其水密封性能指标是质量控制与工程应用的关键。

密封性是容器满足特定功能的基本指标，逆止阀的水密性测试指标中，加载水压时阀门保证逆向不渗漏的压力值测量方法与给水排水管道的水密性测试方法相近，部分专家开展了容器的密封性能测试研究，如给水排水管道多采用气压法或水压法测试其水密性，周志刚（2005）提出了模块化可编程控制器测定氢冷发动机的密封油系统状态；Richard

Turcotte(2005)提出了测定容器最小燃烧压力的试验方法；Michael Fox(2008)提出了压力容器孔口阻力的测量方法，Lixiao Li(2012)研究了微细观结构的水密性能；孙海波(2013)提出了盾构机主轴承密封系统的静态建压测试方法，许国康(2013)提供了航空产品整体油箱的先进检漏技术及其实施方案。也有部分逆止阀密封性能的研究成果，如：阎耀保(2013)基于气动潜孔锤用气动逆止阀的密封特性分析，提出了优化方案；杨云斐(2013)提出了核电厂一回路压力边界止回阀在线密封性能测试方法。逆止阀的水密性测试多采用现场试验，存在现场测试复杂、荷载施加困难、观测周期长、测量精度低、样品容易破坏等问题，目前还没有室内测试逆止阀水密性的仪器和成熟的测试方法。随着生物、环境、水利等工程的迅猛发展，多数新型材料逆止阀的广泛应用，研制一套能室内测试逆止阀水密性的仪器，是非常有必要的。

针对逆止阀的水密封性能，设计试件安装、自动加压与测量系统，开发逆止阀的室内水密性测定装置，并提出了相应的测试方法，从而为逆止阀、给水排水管道试验与质量控制提供技术支持。

2.3.2 测定装置

逆止阀水密性测试装置(见图2-5、图2-6)包括主机、自动加压系统、量测系统等。

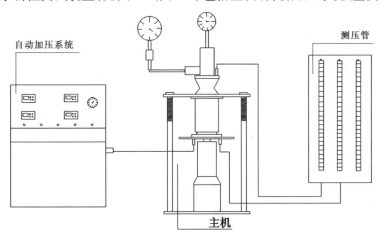

图2-5 逆止阀水密性测试装置

2.3.2.1 主机

主机由底座、上持夹具、立柱、升降螺丝、液压式自动升降夹持固定装置、下持夹具组成。底座、上持夹具和立柱通过升降螺丝连接成门式机架；液压式自动升降夹持固定装置置于底座上；液压式自动升降夹持固定装置的上部连接下持夹具；下持夹具上设置有进水管口和下测压管口；上持夹具上设有加压管口和上测压管口；加压管口为三通阀门，其一端连通被测构件，另两端分别与压力表和电磁式流量计连通；液体自动加压系统与进水管口连接；测压管分别与下测压管口和上测压管口连接。

门式机架能够方便放置及取出逆止阀或给水排水管道(件)，带有管孔的钢性材质上夹持夹具和下持夹具及止水橡胶圈，借助液压式自动升降夹持固定装置的升降和液压压力，能够将被测构件密封固定在主机上。

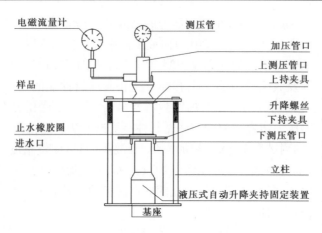

图 2-6　测试装置主机示意图

2.3.2.2　自动加压系统

液体自动加压系统由加压泵产生加压液体,经过压力控制系统,由加压软管输送到试样中,进行逆止阀或给水排水管道(件)的水工程性能(开启水压力、逆向不渗漏的压力值、不同水压力值下的单位时间内的出水量及水密性能等)测试。

2.3.2.3　量测系统

量测系统包括测试水压力的压力表、测压管和测试单位时间内的出水量的电磁式流量计。该电磁式流量计具有自动记录控制系统,该电磁式流量计的管口内径设计为 15 mm,可以测得流量范围为 0.063 6 ~ 9.54 m³/h,并绘制时间—出水量关系曲线,也可以用量筒量测。

2.3.2.4　测定装置特点

(1)本装置适用于逆止阀的室内水密性指标测定,克服了以往现场试验存在的环境复杂、荷载施加困难、观测周期长、测量精度低等问题,测试方便、精度高。该装置也适用于给水排水管道水密性指标的测定。

(2)采用门式机架与自动升降夹持装置安装试件,可密封固定试件,并便于施加水压力荷载;利用自动加压系统可按需控制测试水压力,从而较好地模拟工况;测试系统可测试水密性指标,提高测试精度。

2.3.3　逆止阀水密性指标测定方法

2.3.3.1　开启水头指标测定

(1)将需要测试的逆止阀放在钢质的下持夹具上,逆止阀两端各垫上一个止水橡胶圈,调节升降螺丝,将逆止阀固定在下持夹具和上持夹具之间。

(2)将进水管口通过橡胶管连接至液体自动加压系统,下测压管口、上测压管口通过橡胶管连接至测压管。

(3)打开液体自动加压系统,从进水管口进水,直至上测压管口(排水、排气)有水溢出时,停止进水,同时注意排出各橡胶管内的气泡,此时逆止阀内部已经全部被水填充。读取自动加压系统压力表的数值或传感器的显示值 P_1,同时读取下测压管口连接的测压

管的水头值 U_1。

（4）开启液体自动加压系统,通过加压设备上的阀门控制缓慢加大进水压力和流量,直至管口有水流出时,不再增加水压,读取自动加压系统压力表的数值或传感器的显示值 P_2,将管口通过橡皮管连接到水压测定管上,读取上测压管孔连接的测压管的水头值 U_2。

（5）开启水头 $U = P_2 - P_1$ 或 $U_2 - U_1$,若 $U = 2 \sim 3$ cm,则逆止阀在开启水头指标合格,否则为不合格。

2.3.3.2　上部加载水压时逆向不发生渗漏指标测定

（1）将加压管口连接到液体自动加压系统。

（2）开启液体自动加压系统,从加压管口进水,直至上测压管口处有水流出时,停止进水,同时注意排出各橡胶管内的气泡,此时逆止阀内部全部被水填充。

（3）关闭进水管口和上测压管口处阀门。

（4）开启液体自动加压系继续增加水压至指定压力值 200 kPa,并保持 15 min,观测下测压管口有无渗水现象,若下测压管口处没有渗漏现象,则该逆止阀在该项指标上为合格;若发生渗漏现象,则为不合格。

2.3.3.3　正常排水时各级水头下单位时间渗流量指标测定

（1）将进水管口连接到液体自动加压系统,下测压管口和上测压管口连接至测压管。

（2）开启液体自动加压系统,从进水管口进水,直至上测压管口处有水溢出,停止进水,同时注意排出各橡胶管内的气泡,此时逆止阀内部全部被水填充。

（3）打开加压管口处的阀门,连接电磁式流量计及自动记录控制系统。

（4）读取液体自动加压系统压力表的数值或传感器的显示值 P_3,同时读取下测压管口处水头值 U_3。

（5）开启液体自动加压系统,通过进水管口对逆止阀内逐渐加载水压,读取液体自动加压系统压力表的数值或传感器的显示值 P_4,同时通过连接到下测压管口处的测压管读取即时的水头值 U_4,控制水头差 $U_r = P_4 - P_3$ 或 $U_4 - U_3$ 的差值在 5 cm、10 cm、15 cm、22 cm 左右时,进行单位时间内出水量的测定。

（6）当水头差控制在步骤（5）中所示的差值时,通过加压管口处连接的电磁式流量计,读取一定时间 t 内的出水量 W_t,根据电磁式流量计自动记录控制系统记录的时间—出水量关系曲线,连续取 4 个时间段,最后计算出相应水头差 U_r 对应的流量 Q。

（7）将试验所得的 4 个水头差 U_r 和流量 Q 对应绘制成表格相关曲线,并通过应用 Excel 二次开发,自主研发相应程序,通过 $Q—U_r$ 拟合曲线可以得到任何水压力（压力水头）对应的流量值 Q_r。

（8）将计算所得的流量值 Q_r 与相关工程设计要求的数值进行比较,满足要求,则为该逆止阀的该项指标合格,否则为不合格。

2.3.3.4　逆止阀水密性指标设计参考值

（1）下部加载水压时,阀门开启水头 $U = 2 \sim 3$ cm。

（2）上部加载水压时阀门逆向保证不发生渗漏的最小压力值 P 不得小于 200 kPa。

（3）正常排水时,在水头值分别为 5 cm、10 cm、15 cm、20 cm 时,其单位流量不得小于设计值。

2.3.4　给水排水管道水密性指标测定方法

（1）将需要测试的给水排水管道（件）放在主机上方的下持夹具上，两端各垫上一个橡胶圈，通过自动升降台将其固定在下持夹具和上持夹具之间。

（2）打开液体自动加压系统，从进水管口进水，直至上测压管口处有水溢出时，停止进水，同时注意排出各橡胶管内的气泡，此时逆止阀内部全部被水填充。

（3）关闭下测压管口处的阀门，同时关闭下测压管口和加压管口阀门，进水管口连接液体自动加压系统。

（4）开启液体（水）自动加压系统，通过进水管口对给排水管道（件）的水加载定压力值的水压，观测给排水管道（件）周壁有无渗水现象，若给排水管道（件）周壁没有渗漏现象或液体（水）自动加压系统的压力示值保持不变，则该给排水管道（件）在该项指标上为合格；若发生渗漏现象或液体自动加压系统的压力补偿系统虽连续工作，但压力示值仍不稳定，则该项指标不合格。

2.3.5　工程应用

南水北调中线一期总干渠沙河南至黄河南干渠工程全长 234.75 km。禹州长葛段工程位于河南省禹州市及长葛市境内，设计段长 53.7 km[起点桩号 SH(3)61＋648.7，终点桩号 SH(3)115＋348.7]。其中，明渠长 52.323 km，建筑物长 1.377 km。本段总干渠设计流量为 305～315 m³/s，设计水深 7 m，渠底比降 1/23 400～1/26 000；渠道过水断面为梯形，设计底宽为 15.5～24.5 m，堤顶宽 5 m，渠道一级边坡系数为 2.0～3.5，二级边坡系数为 1.5～3.25；渠道多为半挖半填断面，少部分为全挖断面，渠道平均挖深约 9.2 m。本渠段共有各类建筑物 97 座。禹州长葛段第五施工标段"禹长－5"[桩号：SH(3)79＋500—SH(3)88＋500]由中国水利水电第四工程局有限公司承建，位于禹州市境内，自禹州杨村西南至颍河左岸，全长为 9 km。标段内共有各类建筑物 19 座，其中颍河渠倒虹吸 1 座、节制闸 1 座、退水闸 1 座、分水闸 1 座，左岸排水 4 座、渠渠交叉 1 座、公路桥 6 座、生产桥 3 座和铁路桥 1 座。工程中采用鹤壁启星工程橡塑有限公司生产的 DN180 型球形逆止阀。具体测试结果如表 2-3、图 2-7 所示。

由表 2-3、图 2-7 可知，鹤壁启星工程橡塑有限公司生产的 DN180 型球形逆止阀可达到设计要求，可用于南水北调工程中。

表 2-3　DN180 型球形逆止阀水密性指标测试结果

组别	测试内容	测试结果	设计指标要求	是否满足设计要求
1	开启水压力（cm）	2.3	2.0～3.0	是
2	开启水压力（cm）	2.6	2.0～3.0	是
3	开启水压力（cm）	2.4	2.0～3.0	是

续表 2-3

组别	测试内容	测试结果	设计指标要求	是否满足设计要求
4	0~200 kPa 水压力下逆向渗漏(kPa)	0~200	耐压 30 min 无渗漏	是
5	0~200 kPa 水压力下逆向渗漏(kPa)	0~200	耐压 30 min 无渗漏	是
6	0~200 kPa 水压力下逆向渗漏(kPa)	0~200	耐压 30 min 无渗漏	是
7	5 cm 水位差出水量(cm³/s)	55.8		
8	10 cm 水位差出水量(cm³/s)	117.9		
9	15 cm 水位差出水量(cm³/s)	164.1		
10	20 cm 水位差出水量(cm³/s)	202.9		

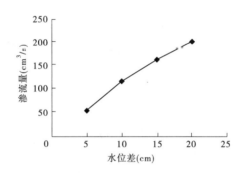

图 2-7　DN180 型球形逆止阀水位差与出水量关系曲线

2.3.6　结论

（1）针对逆止阀水密性测试存在的测试环境复杂、荷载施加困难、观测周期长、测量精度低、样品容易破坏等问题,基于逆止阀的水密特性分析,设计了逆止阀水密性测试仪器,并提出了相应的测试方法,可供逆止阀、给水排水管道水密性试验与质量检测时参考。

（2）采用门式机架与自动升降夹持装置安装试件,可密封固定试件,并便于施加水压力荷载;利用自动加压系统可按需控制测试水压力,从而较好地模拟工况;测试系统可测试水密性指标,提高测试精度。

（3）南水北调中线工程"禹长 - 5"标段等试验表明,采用结构简单、自动控制、操作方便的逆止阀水密性测试装置,可快速测定逆止阀的阀门开启水头、上部加载水压时阀门逆向保证不发生渗漏的最小压力、水位差与出水量关系,以及给水排水管道的渗漏等,从而为工程建设提供了技术支撑。

（4）取得专利:一种用于逆止阀、给水排水管道(件)水工程性能指标检测的仪器(实用新型,专利号:ZL201320095384.0)。

2.4　小　结

（1）针对南水北调中线工程超大粒径粗粒土、低透水性塑性防渗墙、逆止阀难以开展质量检测的技术难题，汲取国内外先进技术，结合南水北调中线工程的特点，提出了超大粒径粗粒土、塑性混凝土防渗墙、逆止阀及给水排水管道等试验与质量检测技术，研发了超大粒径粗粒土渗透测试仪、低透水性塑性防渗墙渗透测试仪、逆止阀/排水管道水密性测试仪，已获得国家专利，并成功应用至南水北调中线工程质量检测中，为南水北调中线工程质量检测提供了物质依据与技术支持。

（2）针对南水北调中线工程中存在的超大粒径粗粒土，基于超大粒径粗粒土渗透特性分析，设计了 $60\ mm \leqslant d_{85} \leqslant 100\ mm$ 的渗透系数测试仪器，并提出了相应的测试方法。通过加大测试筒直径，扩大了粗粒土渗透系数测试的粒径范围；采用设置多个测向排气孔的加速排气法，有效地解决了试样尺寸较大、部分试验材料的渗透性较低、试样饱和困难等问题；采用 20～40 ℃的热水，能够使超大粒径样品快速达到饱和，而且对样品的化学、物理稳定性影响小；渗透坡降递增的试验方法降低了试件的破坏概率，可供超大粒径粗粒土渗透性试验与质量检测时应用。

（3）针对新型材料塑性防渗墙渗透系数低，目前没有合适的测试装置的问题，基于低透水性塑性防渗墙的渗透特性分析，设计了渗透系数小于 $10^{-6}\,cm/s$ 的低透水性塑性防渗墙测试仪器，并提出了相应的测试方法。改进样品夹持器形状，将样品夹持器内部设计成圆台形状，底部直径较顶部大，有效地避免了夹持器具与试件接触面的渗漏；利用高精度气压控制式减压阀配合电磁阀控制水压力，通过减压阀、电磁阀协同作用，可精确实现系统自动加压与控制，可供低透水性塑性防渗墙渗透试验与质量检测时应用。

（4）针对逆止阀水密性测试存在的测试环境复杂、荷载施加困难、观测周期长、测量精度低、样品容易破坏等问题，基于逆止阀的水密特性分析，采用门式机架与自动升降夹持装置安装试件，可密封固定试件，并便于施加水压力荷载；利用自动加压系统可按需控制测试水压力，从而较好地模拟工况；测试系统可测试水密性指标，提高测试精度；提出了相应的测试方法，可供逆止阀、给水排水管道水密性试验与质量检测时应用。

第 3 章　南水北调工程弹塑性损伤条件下土工膜抗渗特性试验

3.1　概　述

在土工膜的力学特性研究方面,国内外学者做了大量的研究工作,具体介绍如下。

束一鸣等对不同 PVC、PE 光膜和复合土工膜的拉伸力学特性进行了一系列试验研究,获得了不同土工膜拉伸受力变形规律和基本力学参数;胡利文等采用光学显微镜和电镜对在各种不同延伸率下土工膜的微结构进行了分析;徐光明等对损伤土工膜的拉伸力学特性进行了试验研究。以上研究主要集中在土工膜的极限强度和延伸率等力学性能参数上。国外学者则在土工膜应力—应变关系方面做了大量的研究工作,Giroud 用窄条拉伸试验方法研究了土工膜的应力—应变关系;Merry 等通过液胀多轴拉伸试验得到双曲线形式的土工膜应力—应变关系方程;Zhang 等分别用不同试验方法给出了各种形式的基于拉伸应变速率的土工膜应力—应变关系黏弹性模型,但这些模型都比较复杂,模型参数计算也不方便,需要进行专门的试验,所以并未成为工程师们设计时所能采用的实用模型;Wesseloo 等用宽条拉伸试验方法得到了基于应变率的土工膜应力—应变关系分段函数模型;Girou 通过理论分析指出土工膜泊松比并非常数,而是随延伸率的增加不断降低,并推导出土工膜泊松比随应变变化的数学表达式。通过总结可以发现上述有关土工膜力学特性的研究成果虽然较多,但所采用的试验方法主要有两类,即条带拉伸试验和液胀多轴拉伸试验。条带拉伸试验又分为单向窄条拉伸试验和单向宽条拉伸试验。三种方法的主要区别在于试验过程中试样的受力状态不同。条带拉伸试验中,试样呈单向拉伸应力状态,试样变形无侧向限制,与材料在工作中实际平面受力状态相差较大,拉伸时容易出现“颈缩”现象而导致材料的延伸率易被高估;液胀多轴拉伸试验中,锚固环附近试样处于平面应变状态,液胀膜球顶部试样呈双向等值拉伸应力状态。对于土工膜而言,液胀多轴拉伸试验相比条带拉伸试验能更好地反映实际工程中土工膜真实工作中的应力状态,但土工膜液胀后的应力和应变均无法直接测试,目前是在假定土工膜液胀后变形为球面的基础上采用几何方法推导出液胀压力与土工膜应力—应变关系。但由于在液压作用下,土工膜变形挠度曲线上各点厚度和曲率并非恒定值,所以这种假定会导致得到的真应力—真应变关系曲线产生较大误差,而且试验中双向应力比例及应力历史和路径均无法控制,只能进行等值双向拉伸。此外,试验中土工膜的应力和应变加载速率也较难控制,所以该试验方法未得到推广应用。

现有土工膜力学特性试验方法的缺陷及局限性导致土工膜试验过程中的应力变形状态与实际运行性态不一致。为揭示防渗土工膜实际运行中的受力变形特性,准确预测土工膜受力变形性态及安全度,另外一些学者对最接近其运行形态的双向拉伸力学特性及拉伸试验设备与试验方法进行了研究。

为了模拟土工膜在实际应用中的复杂受力情况，张思云等采用十字形试样对 PE 土工膜进行双向拉伸试验研究，探索土工膜在双向拉伸与单向拉伸条件下力学性质的差别，分别对 PE 土工膜在双向拉伸试验条件下的纵、横向断裂强度和断裂伸长率进行测试，并与单向拉伸试验的相应数据对比，研究得出 PE 土工膜在双向同时拉伸试验条件下，纵向、横向断裂强度分别下降 21.53% 和 60.32%，断裂伸长率分别下降 63.07% 和 64.17%。任泽栋等对规范中的土工膜拉伸性能测试方法以及国内外有关研究成果进行对比分析，并在此基础上提出了薄壁圆筒双向拉伸测试方法，并利用有限元软件中的线弹性模型对相同位移荷载条件下的各种试验方法进行数值模拟。为了探索和比较不同种类的土工合成材料在双向受力情况下的力学性能，张思云等选取聚乙烯(PE)土工膜和聚丙烯(PP)非织造土工布进行单向和双向拉伸试验。其研究结果表明，在双向拉伸条件下，PE 土工膜纵向断裂强度比单向拉伸下降 21.53%，横向断裂强度下降 60.32%，PP 非织造土工布纵向断裂强度相比单向拉伸升高 11.9%，横向断裂强度升高了 12.5%。吴云云等就双向拉伸试验的试样制取、变形量测以及厚度测定进行了有关探讨。吴海民等针对目前我国土工膜防渗工程设计依然以单向拉伸试验结果为依据，而土工膜在堆石坝面防渗体实际运行中却处于双向拉伸应力状态的问题，采用自主研发的 2 种双向拉伸试验装置对堆石坝面防渗土工膜的双向拉伸力学特性进行试验研究。束一鸣等研发了"土工合成材料双向拉伸蠕变测试仪""土工膜内压薄壁圆筒试样双向拉伸试验装置"，并对拉伸试验方法进行了探索。

目前，土工膜防渗在我国虽然得到了广泛的应用和发展，但对土工膜实际运行状态下水力学特性的研究尚不够深入，现有的试验和理论研究多基于未受力土工膜即完好土工膜的水力学特性研究，主要研究现状简介如下。

刘让同等通过对非织造复合土工膜微观结构的分析，阐述了非织造复合土工膜的水渗透破坏机制，对其抗渗性能影响因素进行了研究，提出了一些提高抗渗性能的措施。白建颖等比较了国内外几种主要土工合成材料渗透性能测试标准成果的取值方法，通过理论分析及试验数据得出渗透性能中水头差及流速的关系式，并对测试标准取值方法提出建议。刘桂英等讨论了目前土工膜、复合土工膜渗透性能(蒸汽透湿系数、渗透系数、耐静水压)的 3 种试验方法，并对 3 种试验方法的实用性进行了评价。姜海波对大面积土工膜防渗体渗透系数进行了研究，将土工膜防渗体的渗透量分为土工膜的渗透量和渗漏量，并分析了大面积土工膜防渗体的渗透机制，提出了大面积土工膜防渗体渗漏量和渗透系数的计算方法，即利用区域水量平衡原理计算渗漏量，然后采用达西定律计算渗透系数，并结合工程实例，计算了土工膜破损孔洞影响下的土工膜防渗体的渗漏量和渗透系数。提出在实际的工程计算中，库盘大面积土工膜防渗体的渗透系数可在 $10^{-8} \sim 10^{-7}$ cm/s 取值，来计算土工膜防渗体的渗漏量。张光伟等以高密度聚乙烯复合土工膜为试验材料，利用柔性壁渗透仪测定一定时间间隔通过复合土工膜的渗透量，通过计算求得复合土工膜的渗透系数，分析渗透系数随渗透压和渗透压应力路径的变化规律，并利用扫描电子显微镜拍摄复合土工膜的照片，从微观结构上揭示了渗透系数变化的原因。张书林针对土工膜试样过水面积和水压力大小等因素对测试时间的影响进行研究分析，通过最优化配置,给出了不同渗透系数的测定条件建议。国外主要采用柔性壁渗透仪对低渗透性的材料进行渗透性能试验,其中利用柔性壁渗透仪研究黏土衬垫的防渗性能已经很成熟,不同尺寸缺陷的聚乙烯土工膜渗透系数的变化规律以及高密度聚乙烯缓慢开裂对复合衬垫防渗效果的影响均已得到广泛研究。Shackelford C D 在三轴仪中用反压力法对低渗透性的材料进行渗透性能试验。Arunkumar S 和 Brian B 利用柔性壁渗透仪研究了黏土衬垫的防渗性能。

综上,现有土工膜水力学特性试验方法的缺陷及局限性导致土工膜试验过程中的抗渗性能与实际运行性态不一致。为揭示土工膜实际运行中的渗透变形特性,准确预测土工膜受力后抗渗性能及安全度,有必要探索弹塑性损伤条件下土工膜抗渗特性试验方法,对最接近其运行形态的抗渗性能进行系统深入的研究。

3.2　土工膜双向拉伸试验设备改造及试验样品优化

由调研及相应的分析可知,在实际应用中,土工膜的受力情况非常复杂,它不是单纯的一个方向受力,而是不规则的各个方向同时受力。本书研究以应用较多的土工膜防渗斜墙(边坡)工程为例,土工膜受力大多为多向拉伸的平面应力状态,其主应力主要为双向拉伸受力状态。对于渠道工程来说,由于水流方向土工膜铺设足够长,可视为一个线形体,土工膜受力可考虑为顺水流方向有约束,顺坡面上下因锚固固定的状态,产生的变形主要发生在沿坡面方向,具体到室内试验可简化模拟为有侧向约束的双向拉伸。实际工程中受力状态下的土工膜渗透特性及耐静水压特性必然与自然状态下的渗透特性及耐静水压特性不同,因此构建必要的试验条件,模拟土工膜实际工程应用中的受力状态,对研究其抗渗特性十分必要。

从试验仪器和试验样品两个方面入手,通过改进试验设备、确定试验样品形状与尺寸,解决了弹塑性损伤模拟的试验仪器、试验样品问题,为模拟土工膜实际工程应用中的受力状态构建了必要的试验条件。

3.2.1　系统改进简介

试验仪器夹具制作、测控系统改进是在原电子万能试验机的基础上进行的,原电子万能试验机只能做单向拉伸试验,通过制作新的夹具实现了双向拉伸(横向持住);通过增加传感系统,改进了相应的测控系统;并增加了数据采集系统、后处理系统,可将测得的数据输入到计算机进行处理生成图形和报表。系统结构如图 3-1 所示,系统安装调试如图 3-2 所示。

3.2.2　系统组成及主要性能指标

(1)系统组成(见图 3-1):试验仪器夹具装置,包括支架、上下夹具、左右夹具、左右传感器、升降传动装置、拉力变送器、软件等。

(2)拉力加载范围:0~10 kN。

(3)试样最大尺寸:200 mm×200 mm。

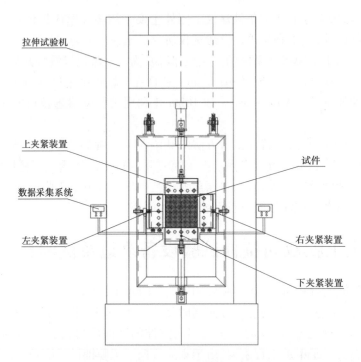

图 3-1　双向拉伸夹具测控系统结构

图 3-2　双向拉伸夹具测控系统安装调试

（4）测量精度：高精度的压力变送器，测量精度达到 0.1%。

3.2.3　系统加工、改进具体内容

3.2.3.1　夹具系统加工

制作新的支架、上下夹具、左右夹具、升降传动装置，增加横向传感系统，改进测控系统，实时采集、记录，经后处理后形成曲线报表。

3.2.3.2　控制系统升级

针对原万能试验机只能做纵向拉伸试验,升级为既能纵向拉伸,又能横向拉伸(持住)的试验装置。

3.2.3.3　数据采集系统升级

针对原万能试验机只能采集纵向拉伸试验数据,增加了横向传感系统,实现了双向拉伸数据的实时同步采集。

3.2.3.4　后处理系统开发

利用可视化语言,开发数据后处理程序,实现纵向、横向试验数据图形、报表同框对比、显示等功能。

3.2.4　系统操作简介

3.2.4.1　准备工作

首先将制作好的试样用夹具夹紧,可通过左右调整螺栓,保证四个方向试样平展,拉力均衡。

3.2.4.2　控制系统准备

将系统电源通电,打开计算机进行预热,进入操作软件,观察传感系统和初始值是否稳定。

3.2.4.3　清零操作

当控制系统初始值稳定后,点击清零键,则系统拉力传感检测值清零。

3.2.4.4　试验

启动拉力机,开始进行试验。

3.2.4.5　数据采集

在试验过程中试样的变化值,通过传感器变送器传给计算机,通过软件计算显示为所需变量值,进行实时采集监控。

3.2.4.6　数据保存及报表生成

通过改进的软件系统,实时试验数据可进行保存并生成相应的曲线及各种报表。

3.2.4.7　打印

各报表或图形生成后可通过打印机进行打印。

3.2.5　试验样品形状优化

根据《土工合成材料测试规程》(SL 235—2012),土工膜单向拉伸试验采用样品为哑铃状,如图 3-3 所示,试样两端较宽,中间较窄,应力集中在较细的中间段,以此保证单向拉伸时断裂发生在中间部分。以往试验研究中,土工膜双向拉伸试验多采用十字形试样,如图 3-4 所示,其夹角处为直角,试样拉伸时,容易在夹角处出现应力集中现象。项目参照单向拉伸试样形状,为避免断裂发生在夹角处,在传统十字形试样的基础上进行改进,结合改造后的试验设备,经过试验验证,确定土工膜双向拉伸试验样品采用如图 3-5 所示的样式,夹角处采用圆弧过渡,避免了应力集中现象出现,尽量使拉伸过程中的应力向试样中间部位集中。

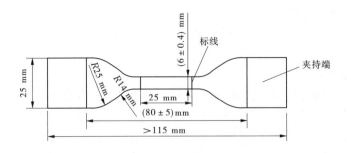

图 3-3　土工膜单向拉伸哑铃形试样

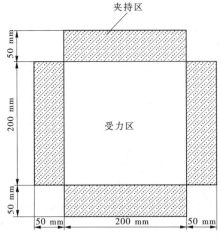

图 3-4　土工膜双向拉伸十字形试样

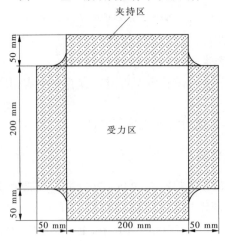

图 3-5　土工膜双向拉伸改进十字形试样

3.3　土工膜拉伸试验

结合工程实际,选用渠道防渗工程常用规格聚乙烯(PE)土工膜(0.3 mm 和 0.5 mm

厚)开展单向和双向拉伸试验研究,探究土工膜在不同受力状态下的变形特性和拉伸强度变化规律,在为双向拉伸标准建立和实际工程应用提供参考的同时,又说明了进行双向拉伸状态下土工膜抗渗特性试验研究的必要性,分别进行了土工膜哑铃形单向拉伸、条带状单向拉伸和改进十字形双向拉伸 3 种类型试验。

3.3.1　试验主要过程及步骤

3.3.1.1　样品比选

土工膜 3 种不同防渗结构形式中,以防渗(边坡)斜墙在应用中较为广泛,而近年来防渗(边坡)斜墙应用较多,土工膜用量最大的当属南水北调工程,因此针对南水北调工程土工膜供应商山东宏祥化纤集团有限公司提供的 7 种不同规格土工膜(见图 3-6),选用渠道工程常用的 0.3 mm 厚和 0.5 mm 厚的聚乙烯(PE)土工膜作为研究对象。

图 3-6　不同规格土工膜

3.3.1.2　试样制备

参照《土工合成材料测试规程》(SL 235—2012)的规定,土工膜试样裁取距所选样品边缘不小于 100 mm。按梯形取样法,选择有代表性的试样,不同试样避免位于同一纵向和横向位置上(如图 3-7 所示)。

3.3.1.3　单位面积质量测定

采用 TG628A 型电子天平,将截取的 10 个面积为 100 cm² 的代表性试样逐一进行称量,读数精确至 0.01 g,并进行记录,按式(3-1)计算单位面积质量。

$$G = \frac{m}{A} \times 10^4 \tag{3-1}$$

式中:G 为试样单位面积质量,g/m²;m 为试样质量,g;A 为试样面积,cm²。

3.3.1.4　厚度测定

采用 YG(B)141D 数字式织物厚度仪(见图 3-8),在 0.5 N 压力下对试样拉伸前后的厚度进行测定,测量前,校准厚度仪零点,并在每组试样测量后重新检查其零点。测量时,

图 3-7 土工膜梯形取样

将试样自然平放在测头和基准板之间,启动仪器,待试样受到规定压力读数稳定后,记录读数。

 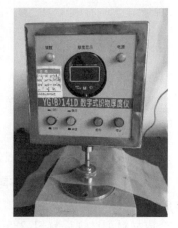

图 3-8 数字式织物厚度仪

3.3.1.5 拉伸试验

土工膜哑铃形单向拉伸试验、条带状单向拉伸试验均在 CMT4204 型微机控制电子万能试验机上进行,设定拉伸速率为 100 mm/min,根据不同样品形状,采用相应的夹具。进行试验时将试样对中放入夹具内夹紧,然后开启试验机,启动记录装置,记录拉力与伸长量曲线。

土工膜十字形双向拉伸试验在 CMT4104 型微机控制电子万能试验机上进行,配合使用改进后的夹具设备及测控系统如图 3-9 所示,为便于对比分析,拉伸速率同样设置为 100 mm/min。进行试验时,为避免试样在夹具中打滑,在样品夹持端两侧分别放置了塑料垫片。

图 3-9　土工膜十字形双向拉伸

$$T_1 = \frac{F}{B} \tag{3-2}$$

式中：T_1 为拉伸强度，kN/m；F 为最大拉力，kN；B 为试样宽度，m。

$$\varepsilon = \frac{\Delta L}{L_0} \times 100\% \tag{3-3}$$

式中：ε 为伸长度(%)；L_0 为试样计量长度，mm；ΔL 为最大拉力时试样计量长度的伸长量，mm。

3.3.2　试验结果与分析

3.3.2.1　土工膜单、双向拉伸试验结果与分析

对不同试样形状、不同拉伸状态下的哑铃形试样、条带状试样和十字形试样分别进行单向、双向拉伸试验，试验成果如表 3-1 所示，典型拉伸曲线如图 3-10～图 3-12 所示。

表 3-1　0.3 mm 厚 PE 土工膜单向、双向拉伸试验成果

试样形状	样品宽度（mm）	试验条件	屈服强度（kN/m）	伸长率（%）	初始拉伸模量（MPa）
哑铃形	25	单向拉伸	2.02	317.46	314
条带状	200	单向拉伸	4.90	464.79	343
十字形	200	双向拉伸	4.26	76.99	686

由图 3-10、图 3-11 可以看出，PE 土工膜单向拉伸变形曲线分为三个阶段：第一阶段，随着试样被均匀地拉伸，应力随应变增大线性增加，这一过程持续时间均较短，称为弹性变形阶段。第二阶段，应力随应变继续增大，应力随应变非线性增加，称为弹塑性变形阶

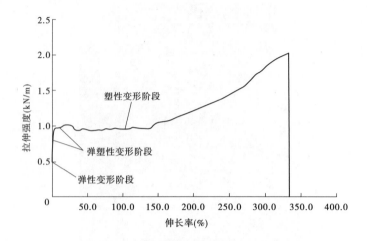

图 3-10　土工膜哑铃形试样单向拉伸曲线

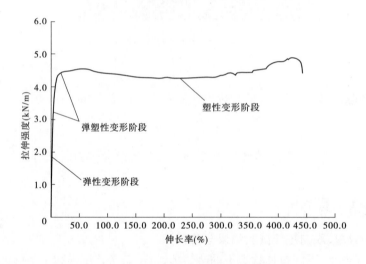

图 3-11　土工膜条带状试样单向拉伸曲线

段。第三阶段,应力到达第一个峰值后,随着拉伸的继续,试样截面发生不均匀变化,出现细颈,细颈不断被拉长,非细颈部分逐渐缩短,试样变形急速增加,应力基本不变,而后应力继续随应变的增加而增大直到试样完全破坏,这一阶段持续时间较长,称为塑性变形阶段。

　　由图 3-12 可以看出,PE 土工膜双向拉伸变形曲线也分为三个阶段:第一阶段,应力随应变增大线性增加,称为弹性变形阶段。第二阶段,应力随应变非线性增加,称为弹塑性变形阶段。第三阶段,应力到达某一值后,应变急速增加而应力基本不变,然后应力随着应变增加而逐渐下降,这是由于此时随着夹具之间距离的增大,试样中心区逐渐被拉伸变薄,在夹持器的夹角部位出现了应力集中现象(符合实际工程中土工膜锚固处的夹具效应)(见图 3-13),土工膜局部变形积累形成损伤场,随着拉伸的进行损伤场向两边扩

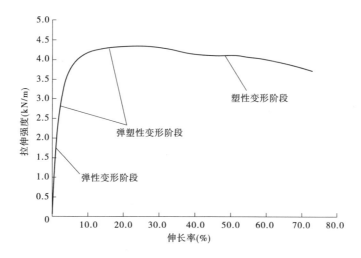

图 3-12 土工膜十字形试样双向拉伸曲线

散。由于土工膜不是绝对均匀的,各个质点的变形不完全同步,从而在试样中心会不断形成多个应力集中场,不断出现新的局部变形,出现多个新的损伤场。最初的局部断裂会使断裂区域生成新的受力三角区,即新的弱节,继而沿着新产生的三角区发生断裂,直至试样断裂,从而使拉伸曲线呈缓慢、波动下降趋势。这一阶段持续时间较长,称为塑性变形阶段。

图 3-13 土工膜十字形试样双向拉伸破坏

3.3.2.2 土工膜单、双向拉伸试验结果对比分析

对不同试样形状、不同拉伸状态下的哑铃形试样、条带状试样和十字形试样的拉伸试验成果进行对比分析,试验成果如表 3-1 所示,典型应力—应变关系曲线如图 3-14 所示。

由图 3-14 可知,不同试验条件下,PE 土工膜屈服强度从大到小顺序为:条带状单向拉伸、十字形双向拉伸、哑铃形单向拉伸。从图中可以看到,单向拉伸试样在伸长率

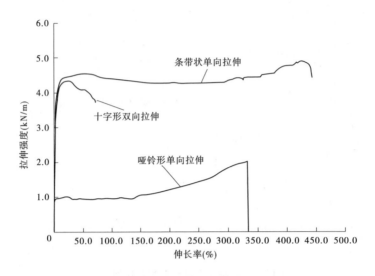

图 3-14　土工膜双向拉伸曲线

100%时尚未出现峰值,而双向拉伸试样在伸长率25%左右时已经出现了明显峰值。这说明实际工作状态下的土工膜伸长率并非很高,其变形能力被高估。由研究可知,双向拉伸状态较符合土工膜工程应用情况,因此从双向拉伸试验入手,研究土工膜受力变形后的抗渗特性很有必要。

3.4　土工膜抗渗特性试验

由前述可知,土工膜在拉伸破坏的过程中,随着拉力的不断增大,土工膜变形由可恢复的弹性变形,发展为部分可恢复的弹塑性变形,再到不能恢复的塑性变形,直至破坏。上述情形可理解为在受拉状态下,其自身内部损伤不断发展变化的过程。研究不同损伤状态下的抗渗性能,即是研究不同变形条件下的抗渗特性。本节主要探索了土工膜弹塑性变形条件下渗透系数和耐静水压的试验研究,以期了解和把握工程运行状态下的土工膜抗渗性能。

3.4.1　试验基本思路与试验方案设计

选取南水北调工程常用规格土工膜,结合工程中实际受力情况,设计开展预设纵向目标变形或目标拉力的拉伸试验,实现工程中土工膜受力后的弹塑性变形状态,然后取下被拉伸的样品。裁取渗透试验和耐静水压试验样品,进行抗渗特性试验研究。

从变形控制方面入手,设定拉伸试验条件,变形控制主要设计目标变形 50 mm、60 mm、80 mm、100 mm、110 mm、120 mm(分别对应变形 25%、30%、40%、50%、55%、60%),结合 3.2 节试验成果,设计试验方案如表 3-2 所示。

表3-2　拉伸试验方案设计

控制类型	变形控制
试验条件	十字形双向拉伸； 设定目标位移：50 mm、60 mm、80 mm、100 mm、110 mm、120 mm
试验仪器	YG(B)141D 型数字式织物厚度仪、CMT4104 型微机控制电子万能试验机、YRI-HR－016 型智能渗透系数测定仪、DTS－4 型电动防水卷材不透水仪
检测指标	物理性能指标：单位面积质量、厚度、尺寸； 力学性能指标：纵向拉伸强度、横向拉伸强度及伸长率、初始拉伸模量； 水力特性指标：渗透系数、耐静水压

3.4.2　试验主要过程及步骤

3.4.2.1　厚度测定

采用 YG(B)141D 型数字式织物厚度仪(见图 3-8)，在 0.5 N 压力下对试样拉伸前后的厚度进行测定，测量前，校准厚度仪零点，并在每组试样测量后重新检查其零点。测量时，将试样自然平放在测头和基准板之间，启动仪器，待试样受到规定压力读数稳定后，记录读数。

3.4.2.2　拉伸试验

土工膜十字形双向拉伸试验按设定目标变形 50 mm、60 mm、80 mm、100 mm、110 mm、120 mm(分别对应变形 25%、30%、40%、50%、55%、60%)，在 CMT4104 型微机控制电子万能试验机上进行，配合使用改进后的夹具设备及测控系统，达到既定位移时，试验自动停止。

3.4.2.3　渗透系数测定

大量试验表明，当渗透速度较小时，渗透的沿程水头损失与流速的一次方成正比。土工膜的渗透速度很小，其渗流可以看作是一种水流流线互相平行的流动层流，其渗流运动规律符合达西定律。具体测定方法如下。

裁取发生弹塑性变形的土工膜试样，采用自主研发的 YRIHR－016 型智能渗透系数测定仪(2014 年 12 月获国家发明专利，专利号 201310066284.X，如图 3-15 所示)，对土工膜在 100 kPa 压力作用下的渗透系数进行测定。渗透试验数据采集时间间隔视渗水量快慢而定，开始时每隔 60 min 读数一次，当渗水量逐渐减小后适当延长间隔时间。试验持续时间，按前后两次间隔时间内渗水量差小于 2% 作为判稳标准，以后一次间隔时间内渗水量作为测试值，根据式(3-4)计算渗透系数。

$$k_{20} = \frac{V\delta}{A\Delta h}\eta \tag{3-4}$$

式中：k_{20} 为试样 20 ℃时渗透系数，cm/s；V 为渗透水量，cm³；δ 为试样厚度，cm；A 为试样过水面积，cm²；Δh 为上下面水位差(试样上所加的水压，以水柱高度计)，cm；η 为水温修正系数。

图 3-15 智能渗透系数测定仪

3.4.2.4　耐静水压测定

土工膜的抗渗性能除采用渗透系数表征外,在工程应用中考虑其可能承受的水压力,也常用耐静水压值表征。本试验试样采用拉伸过的土工膜试样,在 DTS – 4 型电动防水卷材不透水仪上进行耐静水压试验,如图 3-16 所示。参照《土工合成材料测试规程》(SL 235—2012)的规定,逐级增加试验压力,直至试样被破坏或渗漏,停止加压,记录使其破坏或渗漏的最大压力,即为耐静水压值。

图 3-16 DTS – 4 型电动防水卷材不透水仪

3.4.3　试验结果与分析

对土工膜进行不同变形条件下的抗渗特性试验,试验成果如表 3-3 所示,各指标间相关关系曲线如图 3-17 ~ 图 3-21 所示。

表 3-3 不同变形条件下抗渗特性试验成果

目标变形 （mm）	拉伸 应变 （%）	拉伸前 厚度 （mm）	纵向屈服 强度 （kN/m）	拉伸后 厚度 （mm）	耐静水压 （MPa）	耐静水压 均值 （MPa）	渗透系数 （cm/s）	渗透系数 均值 （cm/s）
120	60	0.293	3.738	0.256	0.700		3.60×10^{-12}	
120	60	0.306	4.197	0.277	0.800		4.07×10^{-12}	
120	60	0.308	4.515	0.280	0.900	0.850	4.29×10^{-12}	5.17×10^{-12}
120	60	0.323	3.303	0.284	1.000		8.72×10^{-12}	
110	55	0.294	4.134	0.281	0.950		3.55×10^{-12}	
110	55	0.298	4.752	0.286	1.000		6.18×10^{-12}	
110	55	0.308	4.773	0.287	1.000	1.000	4.20×10^{-12}	4.24×10^{-12}
110	55	0.328	4.671	0.294	1.050		3.02×10^{-12}	
100	50	0.304	3.777	0.283	0.950		4.53×10^{-12}	
100	50	0.330	3.888	0.285	1.025	1.025	5.93×10^{-12}	5.14×10^{-12}
100	50	0.350	4.656	0.295	1.100		4.95×10^{-12}	
80	40	0.300	3.390	0.282	0.950		7.29×10^{-12}	
80	40	0.318	4.005	0.293	1.050	1.042	6.80×10^{-12}	6.89×10^{-12}
80	40	0.322	3.321	0.303	1.125		6.58×10^{-12}	
60	30	0.291	4.467	0.289	1.050		7.07×10^{-12}	
60	30	0.322	4.350	0.305	1.150	1.133	8.08×10^{-12}	7.49×10^{-12}
60	30	0.325	4.626	0.320	1.200		7.31×10^{-12}	
50	25	0.308	3.030	0.300	1.125		6.30×10^{-12}	
50	25	0.333	3.954	0.306	1.150	1.192	8.87×10^{-12}	6.30×10^{-12}
50	25	0.371	4.383	0.347	1.300		3.74×10^{-12}	

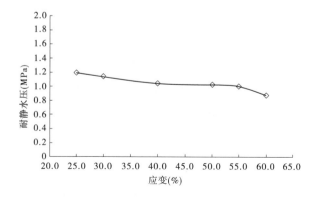

图 3-17 耐静水压与拉伸应变关系曲线

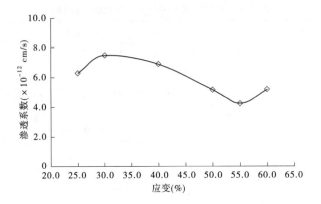

图 3-18　渗透系数与拉伸应变关系曲线

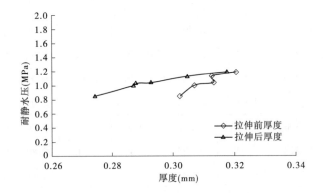

图 3-19　耐静水压与厚度关系曲线

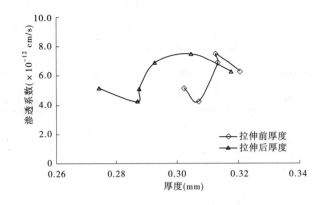

图 3-20　渗透系数与厚度关系曲线

　　由表 3-3 及图 3-17、图 3-18 可知,土工膜耐静水压随目标应变的增大整体呈减小趋势,即应变越大,耐静水压越小。表现在实际工程中,土工膜应变越大,其承受水压的能力越小,抗渗性能越差。渗透系数与应变相关关系不明显,其渗透系数基本保持在同一数量级,无明显变化。

　　由表 3-3 及图 3-19、图 3-20 可知,土工膜耐静水压与厚度存在着相关关系,具体表现

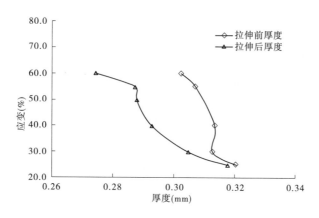

图 3-21　目标应变与厚度关系曲线

为土工膜耐静水压随厚度增大整体呈增大趋势,在实际工程中,土工膜厚度越大,其承受水压的能力相应越强,抗渗性能也越强。渗透系数与厚度相关关系不明显,其渗透系数基本保持在同一数量级,无明显变化。

由表 3-3 及图 3-21 可知,土工膜应变与厚度也存在相关关系,对同一厚度土工膜来说,其应变越大,厚度越小,在实际工程中承受水压的能力越小,渗透系数越大,抗渗性能越差。

3.5　塑性变形条件下土工膜渗透系数和耐静水压变化规律

由前述 3.3.2 可知,土工膜拉伸一般分为三个阶段:第一阶段,弹性变形阶段,应力与应变成线性关系;第二阶段,弹塑性变形阶段,应力与应变为非线性关系;第三阶段,塑性变形阶段,初始时应力基本不变,应变不断增加,后来应力发生突变或急剧减小。在拉伸过程中,随着拉力的不断增大,土工膜变形由可恢复的弹性变形,发展为部分可恢复的弹塑性变形,再到不能恢复的塑性变形,直至破坏。上述情况可理解为在受拉状态下,其自身内部损伤不断发展的动态过程。研究不同损伤状态下的抗渗性能,也即是研究不同变形条件下的抗渗特性。本节考虑工程中最不利情况即土工膜发生塑性变形时,研究土工膜渗透系数和耐静水压变化规律。

由前述可知,渗透系数和耐静水压除与应变有关外,还与厚度有关,而应变与厚度之间也存在某种相关关系,因此分别研究应变、厚度对渗透系数和耐静水压的影响非常必要。而前述 3.3 节中,拉伸试验中土工膜样品发生的变形与实际渗透试验和耐静水压试验所用土工膜的变形不同,两者之间相差部分弹性变形。因此,在研究塑性损伤条件下土工膜渗透系数和耐静水压变化规律之前,要首先解决土工膜抗渗特性试验中样品实际应变问题。

3.5.1　土工膜实际塑性应变确定

3.5.1.1　应变求解基本思想

由前述可知,土工膜双向拉伸典型曲线如图 3-22 所示。其中 A 点相当于比例极限 σ_p,B 点是屈服应力 σ_s。在比例极限以前 OA 段,应力与应变成线性关系,称弹性变形阶段;在 A 点以后 AB 之间应力与应变进入非线性阶段,称弹塑性变形阶段;在 B 点以后,进入塑性变形阶段,如果在任意一点 C 处卸载,应力与应变之间将不再沿原有曲线退回原点,而是沿一条接近平行于 OA 线的 CG 线变化,直到应力下降为零,这时应变并不退回到零点。OG 是保留下来的永久应变,也称为塑性应变,以 ε^p 表示,就是所要求解的实际应变。

为便于计算,将土工膜双向拉伸典型应力—应变曲线简化为如图 3-23 所示的理想曲线,D 点为 OA 与 CB 延长线的交点,OD 代表弹性变形阶段应力—应变关系线,过 D 点后,应力—应变关系是一条水平线 DBC,这条水平线代表塑性阶段。在这个阶段应力不变,变形逐渐增大,自 D 点起所产生的变形都是不可逆变形,D 点以后任意一点 C 产生的变形可通过求解 OG 或 ε^p 求得。

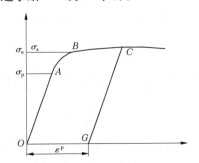 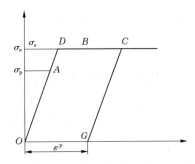

图 3-22　土工膜双向拉伸典型应力—应变曲线　　　图 3-23　土工膜双向拉伸简化应力—应变曲线

3.5.1.2　土工膜抗渗特性试验实际应变确定

不同目标变形 50 mm、60 mm、80 mm、100 mm、110 mm、120 mm(分别对应拉伸应变 25%、30%、40%、50%、55%、60%)下拉伸曲线如图 3-24 ~ 图 3-29 所示。根据 3.4.1 所述土工膜实际应变求解方法,计算得出不同拉伸应变 25%、30%、40%、50%、55%、60% 下对应抗渗特性试验的样品实际应变,如表 3-4 所示。

3.5.2　土工膜耐静水压变化规律研究

3.5.2.1　应变对耐静水压的影响分析

由表 3-3、表 3-4 试验及计算成果得出,土工膜相同厚度条件下,应变与耐静水压变化规律及相关系数统计如表 3-5 及图 3-30 所示。

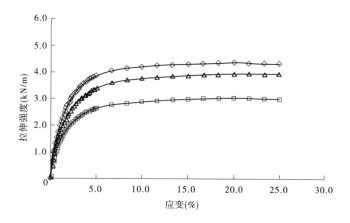

图 3-24　拉伸应变 25% 时土工膜双向拉伸曲线

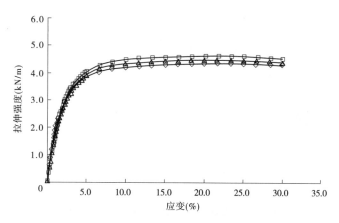

图 3-25　拉伸应变 30% 时土工膜双向拉伸曲线

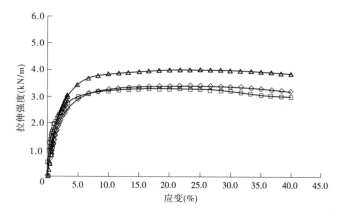

图 3-26　拉伸应变 40% 时土工膜双向拉伸曲线

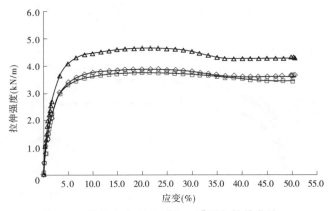

图 3-27　拉伸应变 50% 时土工膜双向拉伸曲线

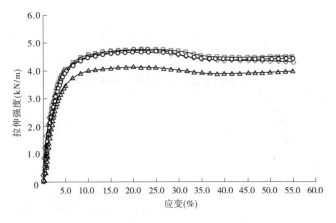

图 3-28　拉伸应变 55% 时土工膜双向拉伸曲线

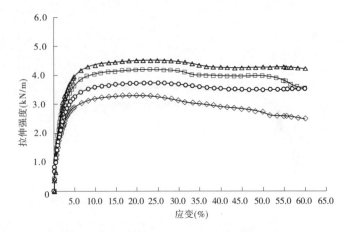

图 3-29　拉伸应变 60% 时土工膜双向拉伸曲线

表 3-4　不同拉伸应变条件下对应的抗渗特性试验样品实际应变

目标 变形 （mm）	拉伸 应变 （%）	纵向屈 服强度 （kN/m）	计算塑 性变形 （%）	计算弹 性变形 （%）	实际 应变 （%）	拉伸前 厚度 （mm）	耐静 水压 （MPa）	渗透 系数 （cm/s）
120	60	3.738	57.42	2.56	57.42	0.293	0.700	3.60×10^{-12}
120	60	4.197	57.45	2.53	57.45	0.306	0.800	4.07×10^{-12}
120	60	4.515	57.30	2.68	57.30	0.308	0.900	4.29×10^{-12}
120	60	3.303	57.98	2.00	57.98	0.323	1.000	8.72×10^{-12}
110	55	4.134	51.61	3.37	51.61	0.294	0.950	3.55×10^{-12}
110	55	4.752	51.77	3.21	51.77	0.298	1.000	6.18×10^{-12}
110	55	4.773	51.57	3.41	51.57	0.308	1.000	4.20×10^{-12}
110	55	4.671	51.61	3.37	51.61	0.328	1.050	3.02×10^{-12}
100	50	3.777	48.20	2.40	48.20	0.304	0.950	4.53×10^{-12}
100	50	3.888	48.30	2.44	48.30	0.330	1.025	5.93×10^{-12}
100	50	4.656	48.29	2.40	48.29	0.350	1.100	4.95×10^{-12}
80	40	3.390	37.74	2.24	37.74	0.300	0.950	7.29×10^{-12}
80	40	4.005	37.19	2.76	37.19	0.318	1.050	6.80×10^{-12}
80	40	3.321	37.99	1.98	37.99	0.322	1.125	6.58×10^{-12}
60	30	4.467	27.06	2.92	27.06	0.291	1.050	7.07×10^{-12}
60	30	4.350	27.37	2.61	27.37	0.322	1.150	8.08×10^{-12}
60	30	4.626	27.00	2.98	27.00	0.325	1.200	7.31×10^{-12}
50	25	3.030	22.97	2.01	22.97	0.308	1.125	6.30×10^{-12}
50	25	3.954	22.70	2.28	22.70	0.333	1.150	8.87×10^{-12}
50	25	4.383	22.54	2.44	22.54	0.371	1.300	3.74×10^{-12}

表 3-5　耐静水压与应变相关系数统计

拉伸前厚度 （mm）	拉伸前厚度均值 （mm）	实际应变 （%）	耐静水压 （MPa）	相关系数
0.293		57.42	0.700	
0.294	0.29	51.61	0.950	−0.931 3
0.291		27.06	1.050	
0.290		0	1.250	

续表 3-5

拉伸前厚度 （mm）	拉伸前厚度均值 （mm）	实际应变 （%）	耐静水压 （MPa）	相关系数
0.308		57.30	0.900	
0.308	0.31	51.57	1.000	−0.985 6
0.308		22.97	1.125	
0.310		0	1.300	
0.323		57.98	1.000	
0.322	0.32	37.99	1.125	−0.992 2
0.322		27.37	1.150	
0.320		0	1.350	

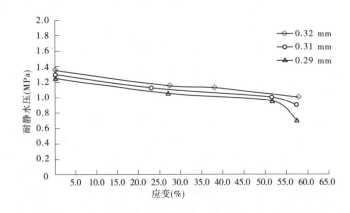

图 3-30　土工膜相同厚度条件下耐静水压与应变关系曲线

　　由表 3-5 及图 3-30 可知,在相同厚度条件下,土工膜耐静水压随着应变的增加而减小,耐静水压与应变成线性负相关,相关系数达 −0.969 7,高度相关。因此,可采用直线方程形式对各曲线进行回归分析,拟合结果见表 3-6 及图 3-31 ~ 图 3-33。

表 3-6　耐静水压 P 与应变 ε 关系线性拟合参数及相关指数统计

拉伸前厚度均值（mm）	拟合曲线	相关指数 R	指数均值
0.32	$P = -0.006\varepsilon + 1.339\ 7$	0.982 2	
0.31	$P = -0.006\ 4\varepsilon + 1.291\ 7$	0.985 6	0.969 7
0.29	$P = -0.008\ 1\varepsilon + 1.263\ 8$	0.931 3	

3.5.2.2　厚度对耐静水压的影响分析

　　由表 3-3、表 3-4 试验及计算成果得出,土工膜相同应变条件下,耐静水压与厚度变化规律及相关系数统计如表 3-7 及图 3-34 所示。

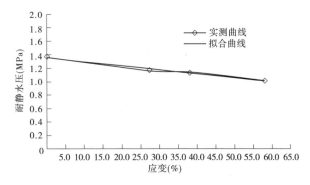

图 3-31　0.32 mm 厚土工膜耐静水压与应变关系实测与拟合曲线

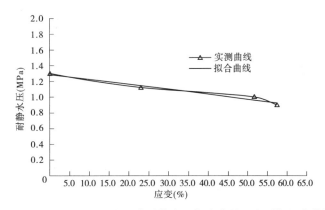

图 3-32　0.31 mm 厚土工膜耐静水压与应变关系实测与拟合曲线

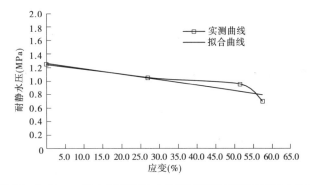

图 3-33　0.29 mm 厚土工膜耐静水压与应变关系实测与拟合曲线

表 3-7　耐静水压与厚度相关系数统计

实际应变 （%）	应变均值 （%）	拉伸前厚度 （mm）	耐静水压 （MPa）	相关系数
57.42		0.293	0.700	
57.45	57	0.306	0.800	0.920 9
57.30		0.308	0.900	
51.61		0.294	0.950	
51.57	52	0.308	1.000	0.994 8
51.61		0.328	1.050	
48.20		0.304	0.950	
48.30	48	0.330	1.025	0.997 2
48.29		0.350	1.100	
37.74		0.300	0.950	
37.19	38	0.318	1.050	0.963 8
37.99		0.322	1.125	
27.06		0.291	1.050	
27.37	27	0.322	1.150	0.968 0
27.00		0.325	1.200	
22.97		0.308	1.125	
22.70	23	0.333	1.150	0.963 1
22.54		0.371	1.300	

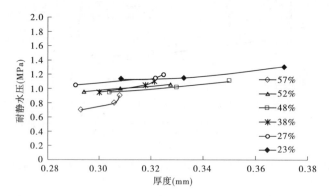

图 3-34　土工膜相同应变条件下耐静水压与厚度关系曲线

由表 3-7 及图 3-34 可知，在相同应变条件下，土工膜耐静水压随着厚度的增加而增加，耐静水压与厚度成线性正相关，相关系数达 0.968 0，高度相关。因此，可采用直线方程形式对各曲线进行回归分析,拟合结果见表 3-8。

表 3-8　耐静水压 P 与厚度 D 关系线性拟合参数及相关指数统计

应变均值(%)	拟合曲线	相关指数 R	指数均值
57	$P = 11.307D - 2.6183$	0.9209	
52	$P = 2.911D + 0.0976$	0.9948	
48	$P = 3.2425D - 0.0385$	0.9972	0.9680
38	$P = 7.2209D - 1.2209$	0.9638	
27	$P = 3.9276D - 0.0947$	0.9680	
23	$P = 2.8735D + 0.2224$	0.9631	

3.5.2.3　基于应变、厚度双因素对耐静水压的影响分析

由表 3-5、表 3-7 可知,应变、厚度对耐静水压影响的相关系数均较大,二者对耐静水压影响显著。图 3-30、图 3-34 反映耐静水压与应变成线性关系,与厚度也成线性关系,考虑到二者的交互影响,将两个影响因子按乘法效应进行组合,则有:

耐静水压与应变的关系:$P(\varepsilon) = m_1\varepsilon + m_2$

耐静水压与厚度的关系:$P(D) = n_1 D + n_2$

按乘法效应组合 $P(\varepsilon, D) = (m_1\varepsilon + m_2)(n_1 D + n_2)$,整理得

$$P(\varepsilon, D) = m_1 n_1 \varepsilon D + m_1 n_2 \varepsilon + m_2 n_1 D + m_2 n_2$$

可见,耐静水压与应变、厚度的关系符合二次曲面,二次曲面一般形式为

$$P(\varepsilon, D) = k_1\varepsilon^2 + k_2 D^2 + k_3\varepsilon D + k_4\varepsilon + k_5 D + k_6 \tag{3-5}$$

式中:P 为耐静水压,MPa;ε 为应变(%);D 为厚度, mm;m_1、m_2、n_1、n_2、k_1、k_2、k_3、k_4、k_5、k_6 为待定系数。

根据表 3-5、表 3-6 统计资料,利用式(3-5)对耐静水压 P 与应变 ε、厚度 D 的关系公式进行回归分析,得到拟合公式如式(3-6)所示,相关指数为 0.9552,拟合效果较好,说明考虑应变、厚度双因素影响,耐静水压变化规律符合二次曲面变化形式。

$$P = -0.0000041197\varepsilon^2 - 21.1115 D^2 + 0.0604\varepsilon D - 0.0256\varepsilon + 15.1959 D - 1.376 \tag{3-6}$$

3.5.2.4　室内试验验证分析

由于缺少实际工程中土工膜变形后的耐静水压数据,耐静水压变化规律理论公式只能用室内试验数据进行对比分析,理论值与实测值对比分析结果见表 3-9。

由表 3-9 可以看出,耐静水压理论值与实测值基本一致,22 组数据绝对误差在 ±5% 以内的占 77%, ±5% ~ ±10% 的占 14%,仅有 9% 的个别数据超过了 ±10%,90% 数据绝对误差控制在 ±10% 以内。从室内试验验证结果来看,理论公式预测的耐静水压变化规律具有一定的适用性。

表 3-9　耐静水压理论值与实测值对比分析结果

组数	实际应变（%）	拉伸前厚度（mm）	耐静水压理论值（MPa）	耐静水压实测值（MPa）	相对误差（MPa）	绝对误差（%）
1	0	0.290	1.255	1.230	0.005	0.43
2	0	0.310	1.306	1.300	0.006	0.45
3	0	0.320	1.325	1.350	− 0.025	− 1.86
4	22.97	0.308	1.139	1.125	0.014	1.22
5	22.70	0.333	1.217	1.150	0.067	5.79
6	22.54	0.371	1.282	1.300	− 0.018	− 1.40
7	27.06	0.291	1.038	1.050	− 0.012	− 1.13
8	27.37	0.322	1.157	1.150	0.007	0.58
9	27.00	0.325	1.169	1.200	− 0.031	− 2.62
10	37.74	0.300	0.995	0.950	0.045	4.69
11	37.19	0.318	1.078	1.050	0.028	2.66
12	37.99	0.322	1.089	1.125	− 0.036	− 3.24
13	48.20	0.304	0.934	0.950	− 0.016	− 1.68
14	48.30	0.330	1.056	1.025	0.031	3.05
15	48.29	0.350	1.131	1.100	0.031	2.86
16	51.61	0.294	0.851	0.950	− 0.099	− 10.41
17	51.57	0.308	0.930	1.000	− 0.070	− 7.02
18	51.61	0.328	1.027	1.050	− 0.023	− 2.17
19	57.42	0.293	0.797	0.700	0.097	13.81
20	57.45	0.306	0.875	0.800	0.075	9.33
21	57.30	0.308	0.887	0.900	− 0.013	− 1.43
22	57.98	0.323	0.963	1.000	− 0.037	− 3.73

3.5.3　土工膜渗透系数变化规律研究

3.5.3.1　应变对渗透系数的影响分析

由表 3-3、表 3-4 试验及计算成果可得,土工膜相同厚度条件下,应变与渗透系数变化规律及相关系数统计见表3-10及图3-35。

表 3-10　渗透系数 k 与应变相关系数统计

拉伸前厚度 （mm）	拉伸前厚度均值 （mm）	实际应变 （%）	渗透系数 （cm/s）	相关系数
0.293		57.42	4.29×10^{-12}	
0.294	0.29	51.61	4.20×10^{-12}	$-0.347\,1$
0.291		27.06	8.08×10^{-12}	
0.290		0	4.20×10^{-12}	
0.308		57.30	4.29×10^{-12}	
0.308	0.31	51.57	4.20×10^{-12}	$0.162\,4$
0.308		22.97	6.30×10^{-12}	
0.310		0	3.11×10^{-12}	
0.323		57.98	8.72×10^{-12}	
0.322	0.32	37.99	6.58×10^{-12}	$0.883\,1$
0.322		27.37	8.08×10^{-12}	
0.320		0	2.27×10^{-12}	

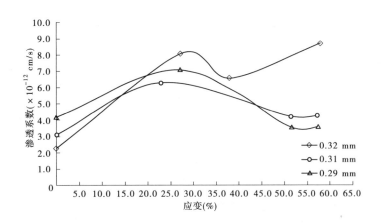

图 3-35　土工膜相同厚度条件下渗透系数与应变关系曲线

由表3-10及图3-35可知,在相同厚度条件下,土工膜渗透系数与应变不存在线性相关关系,符合非线性曲线关系,但规律性不是很强。

3.5.3.2　厚度对渗透系数的影响分析

由表3-3、表3-4试验及计算成果可得,土工膜相同应变条件下,厚度与耐静水压变化规律及相关系数统计见表3-11及图3-36。

表 3-11　渗透系数 k 与厚度相关系数统计

实际应变 （%）	应变均值 （%）	拉伸前厚度 （mm）	渗透系数 （cm/s）	相关系数
57.42		0.293	3.60×10^{-12}	
57.45	57	0.306	4.07×10^{-12}	0.981 2
57.30		0.308	4.29×10^{-12}	
51.61		0.294	3.55×10^{-12}	
51.57	52	0.308	4.20×10^{-12}	$-0.536\ 7$
51.61		0.328	3.02×10^{-12}	
48.20		0.304	4.53×10^{-12}	
48.30	48	0.330	5.93×10^{-12}	0.363 3
48.29		0.350	4.95×10^{-12}	
37.74		0.300	7.29×10^{-12}	
37.19	38	0.318	6.80×10^{-12}	$-0.990\ 8$
37.99		0.322	6.58×10^{-12}	
27.06		0.291	7.07×10^{-12}	
27.37	27	0.322	8.08×10^{-12}	0.623 5
27.00		0.325	7.31×10^{-12}	
22.97		0.308	6.30×10^{-12}	
22.70	23	0.333	8.87×10^{-12}	$-0.598\ 0$
22.54		0.371	3.74×10^{-12}	

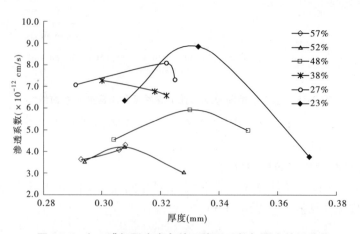

图 3-36　土工膜相同应变条件下渗透系数与厚度关系曲线

由表 3-11 及图 3-36 可知,在相同应变条件下,土工膜渗透系数与厚度不存在线性相关关系,符合非线性曲线关系,但规律性不是很强。

3.6　小　结

(1)土工膜双向拉伸试验研究成果表明,土工膜变形由可恢复的弹性变形,发展为部分可恢复的弹塑性变形,再到不能恢复的塑性变形,直至破坏,也是其自身内部损伤不断发展变化的过程。

(2)耐静水压试验结果分析表明,土工膜厚度、应变与耐静水压均存在线性相关关系,考虑二者交互影响,耐静水压变化规律符合二次曲面变化形式。经室内试验数据验证,所揭示的耐静水压变化规律具有一定的参考价值。

(3)渗透系数试验结果分析表明,土工膜在应变 60% 以内渗透系数基本保持在同一数量级,变化不显著。土工膜应变、厚度与渗透系数不存在线性相关关系,符合非线性曲线关系,但规律性不是很强。

第4章　南水北调工程复合土工膜老化预测模型研究

4.1　南水北调中线典型工程段鹤壁Ⅲ标复合土工膜应用情况

4.1.1　区域工程概况

近年来,随着科学技术的不断发展,土工合成材料作为一种新型的岩土工程材料被广泛应用于水利、电力、公路、铁路、建筑、港口、采矿、军工、环保等工程领域。土工合成材料由高分子聚合物制成,其力学性能受环境因素(如光照、温度、水分等)的影响,会发生一定程度的老化,表现为物理机械性能的衰变,如强度降低、变形能力减弱等,从而降低工程的可靠性及使用价值。因此,土工合成材料的老化性能研究成为工程建设与管理人员普遍关心的问题。

复合土工膜是土工合成材料的一种,它是以塑料薄膜作为防渗基材,与无纺布复合而成的一种高分子化学柔性材料,因其比重较小、延伸性较强、适应变形能力高等特点,在大型水利工程及其他工程领域得到广泛应用。

根据前期资料积累情况,综合便利取样等因素,选取南水北调中线一期工程总干渠典型工程段鹤壁Ⅲ标作为研究对象,工程桩号为Ⅳ169+600～Ⅳ175+432.8,渠段长度5.832 8 km,其中明渠长5.353 8 km,渠段内共有各种建筑物13座。渠道为梯形断面,渠底宽度为8～14.5 m,渠底高程为88.363～88.781 m,渠道内一级边坡为1：2.5～1：3.5,一级马道(堤顶)宽5.0 m,外坡1：1.5,渠道纵比降为1/28 000～1/23 000。全渠段采用混凝土衬砌,渠坡衬砌厚度10 cm,渠底衬砌厚度8 cm。混凝土衬砌强度等级为C20,抗冻等级为F150,抗渗等级为W6。

4.1.2　水文气象条件

典型工程段鹤壁Ⅲ标段属温带大陆季风型气候区,夏秋两季受太平洋副热带高压控制,多东南风,炎热多雨;冬春两季受西伯利亚和内蒙古高压控制,盛行西北风,干燥少雨。

渠段多年平均降水量为616.3 mm,多年平均降水日数70.2 d,降水年际变幅大,降水年内分配不均,70%～80%集中在汛期,多以暴雨形式出现,年降水量从山区到平原呈递减的趋势。

渠段多年平均气温为14.1 ℃,全年1月温度最低,平均气温-0.8 ℃;月平均最低气温-5.2 ℃,极端最低气温-18 ℃;7月气温最高,月平均气温27.0 ℃,月平均最高气温31.9 ℃,极端最高气温42 ℃。

根据渠段内淇县气象站资料统计,本段霜冻最早为 9 月 19 日,终日最晚为 4 月 24 日。历年最大冻土深度为 26 cm。本段气象要素情况见表 4-1。

表 4-1　气象要素情况统计

项目	单位	多年平均	说明
多年平均降水量	mm	616.3	
多年平均降水日	d	70.2	
多年平均气温	℃	14.1	
多年月平均最高气温	℃	31.9	
多年月平均最低气温	℃	−5.20	淇县气象站
多年极端最高气温	℃	42	统计结果
多年极端最低气温	℃	−18	
多年平均风速	m/s	2.6	
多年最大风速	m/s	10.3	
多年平均最大湿度	%	72.4	河南省气象局
多年平均最小湿度	%	42.2	网站统计

4.1.3　地质条件

鹤壁段位于华北平原西部边缘与太行山东麓的交接部位,穿行于山前丘陵地带,主要地貌单元有丘前冲(坡)洪积斜地亚类、软岩丘陵亚类和山前冲洪积裙亚类三大类。丘前冲(坡)洪积斜地亚类分布于侯小屯一带,地面高程为 99~104 m,地面坡降 8‰~9‰。软岩丘陵亚类主要分布于淇河以北大盖族附近,地面高程为 100~110 m,沟谷发育。山前冲洪积裙亚类分布于山前地带及丘陵、岗地之间,地势总体向东倾斜,地面高程一般为 91~108 m,中上部坡降一般为 1%~2%,下部坡降 4‰~7‰,洪积锥坡降较大,达 6%~7%,冲沟发育。

本渠段位于华北准地台黄淮海拗陷的西部边缘,新构造分区属华北断陷—隆起区的太行山隆起分区和河北断陷分区的交接部位,地震动峰值加速度 0.20g,相当于地震基本烈度Ⅷ度。

该段(Ⅳ169+600 ~ Ⅳ175+432.8)长 5.832 8 km,跨淇河段和王老屯段两个工程地质段。

桩号Ⅳ169+600 ~ Ⅳ172+980 上部以黏性土为主,下部为膨胀泥岩双层结构段(淇河段),以挖方为主,一般挖深 9~17 m,最大挖深约 19 m。组成渠坡岩性上部为黄土状中粉质壤土(alplQ$_3^2$)和重粉质壤土(alplQ$_2$),局部为卵石透镜体;中下部主要为卵石(glQ$_1$)和上第三系泥灰岩、黏土岩、砂砾岩(N$_{1h}$)。渠底板主要位于上第三系泥灰岩、黏土岩、砂岩(N$_{1h}$)和卵石(glQ$_1$)中。上部黄土状土具中等—强烈湿陷性;卵石部分呈松散状,渠坡稳定性较差。上第三系泥灰岩、黏土岩、砂岩和砂砾岩,其成岩程度差异很大,大部分成岩较差,属于软岩(部分未成岩),部分钙质胶结的砂岩、砂砾岩及少量泥灰岩成岩程度较好;岩体的均匀性很差,多呈互层状或透镜体状;泥灰岩、黏土岩多具弱—中等膨胀潜势,其膨胀、崩解、干缩特性影响边坡稳定与渠道衬砌安全,施工时应采取相应的处理和保护措施。勘探期间地下水位一般高于渠底板2~3 m或在渠底板附近,存在施工排水问题。

桩号Ⅳ172+980~Ⅳ175+432.8为软弱厚层膨胀泥岩层状结构段(王老屯段),以挖方为主,挖深一般为11~17 m,最大挖深22 m左右。渠坡岩性主要由上第三系泥灰岩、黏土岩(N_{1h})组成,渠底板亦位于该层中。局部渠段地表断续分布有黄土状重粉质壤土,厚0.5~2 m,一般具中等湿陷性;泥灰岩、黏土岩厚度较大,岩体的均匀性很差,多呈互层状或透镜体状分布,层间夹砂岩、砂砾岩,大部分成岩差;泥灰岩、黏土岩一般具弱—中等膨胀潜势,耐崩解能力差,具膨胀、崩解、干缩的特性,裂隙发育,抗剪强度低,施工时应采取相应的处理和保护措施。勘探期间地下水位一般低于渠底板2~4 m。

4.1.4　复合土工膜类型

复合土工膜是由土工织物与高分子聚合物膜(聚氯乙烯膜、聚乙烯膜及乙烯—醋酸乙烯膜等)复合而成的一种新型土工合成材料,其主要功能是用于防渗、防护、加筋和隔离。其中,膜起防渗的作用,土工织物起加筋、保护膜不受运输或施工期间的外力损坏、排水排气及提高膜面的摩擦系数等作用。因此,复合土工膜是最理想的工程用防渗材料。复合土工膜按膜与土工织物的排列方式及数量不同,一般有两种形式:单面复合土工膜("一布一膜")和双面复合土工膜("两布一膜""三布两膜"等)。在防渗工程中,应用较多的是"两布一膜"形式。单面复合土工膜的防渗特性比同类的双面复合土工膜差,其强度也比双面复合土工膜低,但其变形能力比双面复合土工膜强。

研究渠段采用150 g/m²/0.3 mm/150 g/m²两布一膜复合土工膜作为防渗材料,复合土工布为宽幅(幅宽大于5 m)聚酯长丝针刺土工布,膜为聚乙烯膜。根据《土工合成材料 聚乙烯土工膜》(GB/T 17643—2011)、《土工合成材料 长丝纺粘针刺非织造土工布》(GB/T 17639—2008)、《土工合成材料 非织造布复合土工膜》(GB/T 17642—2008)及南水北调工程的特点,复合土工膜设计技术性能指标见表4-2。该渠段复合土工膜供应商主要有山东宏祥化纤集团有限公司和成都市嘉州新型防水材料有限公司,其中以山东宏祥化纤集团有限公司用量相对较大,同时根据对黄河水利委员会基本建设工程质量检测中心复合土工膜检测结果的调研,山东宏祥化纤集团有限公司复合土工膜各项性能指标相对比较稳定,所以选用山东宏祥化纤集团有限公司供应的复合土工膜作为试验研究对象。

4.1.5　渠道施工状况

4.1.5.1　施工段划分及施工工艺

鹤壁段施工段划分为:起始点(Ⅳ169+600)—鹤壁刘庄分水闸(Ⅳ171+250);分水闸(Ⅳ171+250)—渤海大道公路桥(Ⅳ173+629.1);公路桥(Ⅳ173+629.1)—终点(Ⅳ175+432.8)三段。渠道施工工艺流程如图4-1所示。

表 4-2　复合土工膜设计性能指标要求

名称	膜厚	密度	破坏拉应力	伸长率	弹性模量在 5 ℃时	抗冻性（脆性温度）	连接强度	撕裂强力	抗渗强度	渗透系数
聚乙烯膜	≥0.3 mm	>920 kg/m³	>17 MPa	>450%	>70 MPa	≥-70 ℃	>母材强度	>60 kN	1.05 MPa 水压力时不渗水	<10⁻¹¹ cm/s
名称	厚度	伸长率	拉伸强度	CBR 顶破强力	撕裂强力	剥离强度	耐静水压力	垂直渗透系数	规格型号	说明
复合土工膜（复合体）	≥2.7 mm	>50%	≥14 kN/m	≥2.8 kN	≥0.4 kN	≥6 N/cm	≥0.6 MPa	<10⁻¹¹ cm/s	150 g/m² / 0.3 mm / 150 g/m²	两布一膜，白色

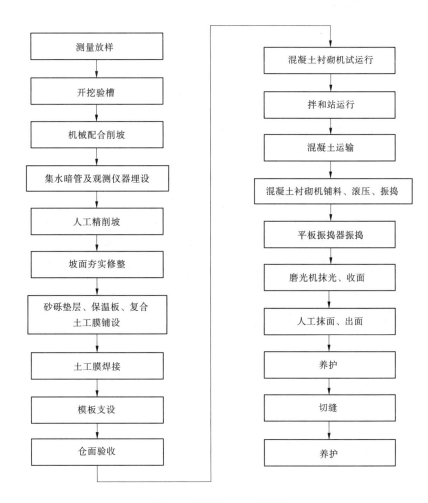

图 4-1　渠道施工工艺流程

4.1.5.2 复合土工膜施工

1.砂砾垫层铺设

复合土工膜铺设前,进行砂砾垫层及保温板的铺设。在验收合格的混凝土衬砌建基面上,铺设10 cm的砂砾垫层(见图4-2),铺设砂砾石垫层时从下至上进行,以网格线控制其厚度,用10#槽钢刮平。

图4-2　砂砾垫层铺设

2.保温板铺设

砂砾垫层铺设完毕经验收合格后,铺设聚苯乙烯保温板(见图4-3)。保温板外观表面色泽均匀、平整,无明显收缩变形和膨胀变形,无明显油渍和杂质,保温板表面加糙,采取压花、打毛或其他措施,对表面进行加糙处理。其密度≥40 kg/m³,吸水率不大于20%,压缩强度(压缩10%)≥300 kPa,压缩强度(压缩5%)≥150 kPa,尺寸稳定性(-40~+70 ℃)≤±0.5%。

保温板铺设采用从下往上顺水流方向错槎铺设,铺设前基面清理干净、无杂物。保温板固定时用"U"形钢丝把相邻两块固定在基面上。

图4-3　保温板铺设

3.复合土工膜铺设

铺设前清除保温板基面上一切可能损伤复合土工膜的带棱硬物,填平坑凹。典型工程鹤壁Ⅲ标段渠道采用150 g/m²/0.3 mm/150 g/m²两布一膜作为防渗材料,复合土工布为宽幅聚酯长丝针刺土工布。土工膜质量要求符合设计及《土工合成材料聚乙烯土工膜》(GB/T 17643—2011)、《土工合成材料长丝纺粘针刺非织造土工布》(GB/T 17639—2008)、《土工合成材料非织造布复合土工膜》(GB/T 17642—2008)的要求。本标段采用的复合土工膜幅宽为5.1 m,铺设时从上游向下游进行,上游边压下游边,各铺设幅之间的搭接宽度不小于10 cm。复合土工膜铺好后,再用手提式缝纫机把土工膜底侧的土工布缝合,土工膜采用热熔法拼接,焊接机选用 TH-50 型土工膜焊接机,焊缝搭接面不得有污垢、积水、砂土等影响焊接质量的杂质存在。采用双焊缝搭焊,焊缝处土工膜熔结为一个整体,不得出现虚焊、漏焊和超量焊。联结的土工膜必须搭接平缓、舒展。复合土工膜焊接强度不得低于母材强度的 80%。复合土工膜焊接温度控制在 240~270 ℃,焊接速度控制在 2~2.5 m/min 为宜。复合土工膜铺设好后呈自然松弛状态,与基面贴实,不得出现褶皱现象。复合土工膜焊接如图 4-4 所示。

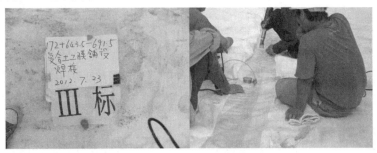

图 4-4　复合土工膜焊接

复合土工膜焊接好后,对焊缝质量做充气检测试验。经检测合格后,再用手提式缝纫机把复合土工膜搭接处上侧的土工布缝合。

4.1.6　复合土工膜施工缺陷

由于是人工操作作业,复合土工膜施工时不可避免会出现施工缺陷,施工缺陷主要包括:

(1)土工膜接缝焊接时局部黏结不实或温度过高出现熔漏点,成为具有一定长度的窄缝。

(2)施工搬运过程中的损坏。

(3)施工机械和工具的刺破。

(4)铺设过程中不均匀受力造成膜撕裂。

(5)建基面上有硬物将土工膜局部刺穿等。

施工缺陷出现的偶然性很大,且不易发现。据统计,施工产生的缺陷,约每 4 000 m² 出现一个,接缝不实形成的缺陷,尺寸的等效孔径一般为 1~3 mm;对于特殊部位(与附属建筑物的连接处)可达 5 mm。其他一些偶然因素产生的土工膜缺陷的等效直径为 10 mm。缺陷的等效直径为 2 mm 孔径小孔,可代表是由接缝缺陷所引起的;直径为 10 mm 的孔径称为大孔,可代表是由偶然因素引起的。可见,孔径的大小与施工条件密切相关。因此,项目试验研究或数值计算时需要考虑施工缺陷的存在。

4.2　复合土工膜老化试验方法与表征方法

4.2.1　老化的主要环境因素

复合土工膜老化的环境因素可分为物理因素、化学因素和生物因素等。物理因素主要有光、热、电、应力等,化学因素主要有氧、水分、化学介质等,生物因素主要有微生物、虫蚁类等。复合土工膜老化的环境因素及其作用结果如表4-3所示。

表4-3　土工合成材料老化的原因及其作用结果

影响因素	来源	作用结果
应力、压力	施工、使用	断裂、徐变、蠕变
水	施工、使用	添加剂的流失、塑料水解
溶液/碳氢化合物	施工:矿物质土、热沥青	添加剂的流失、膨胀、变脆
生物	施工/使用:昆虫、动物	局部破坏
热(+氧)	施工:热沥青;使用:环境温度	分子链的断裂、氧化、抗拉强度降低
光(+氧)	施工:UV直射	分子链的断裂、氧化、抗拉强度降低
水(pH)	使用:酸性、中性、碱性土壤	分子链的断裂、抗拉强度降低
一般化学物	使用:土壤和垃圾土	氧化、水解聚合物结构的损坏
微生物	使用:土壤中细菌等	聚合物分子链的断裂、抗拉强度降低

4.2.2　老化试验方法

复合土工膜属于高分子材料,高分子材料老化试验方法一般包括自然气候老化和人工加速老化两大类。自然气候老化试验是评估材料最可靠的方法,但试验周期比较长。人工加速老化试验是根据试验需求,在实验室条件下控制温度、湿度、光辐射、盐雾、淋雨、微生物等环境因素,形成非自然的实验室模拟环境,使材料在其中老化的试验方法。实验室环境试验优点在于控制精度较高,重现性好,试验周期短。常用的人工加速老化试验法有热空气加速老化试验法、湿热加速老化试验法和人工气候加速试验法。

4.2.2.1　热老化法

热是促进高聚物发生老化反应的主要因素之一,可使高聚物分子链断裂产生自由基,形成自由基链式反应,导致聚合物降解和交联,性能劣化。烘箱法老化试验[《公路工程土工合成材料试验规程》(JTG E50—2006)、《塑料热老化试验方法》(GB/T 7141—2008)]是耐热性试验的常用方法,将试验样置于选定条件的热烘箱内,周期性的检查与测试试样外观和性能的变化,从而评价试样的耐热性。

4.2.2.2　湿热老化法

大气环境下,温度(热)和湿度(水分)是客观存在的因素,有些高分子材料在高温高湿的环境中存储、运输或使用,高温下的水汽对高分子材料具有一定的渗透能力,在热的作用下,这种渗透能力更强,能够渗透到材料体系内部并积累起来形成水泡,从而降低分子间相互作用力,导致材料的性能老化。

湿热老化试验[《硫化橡胶湿热老化试验方法》(GB/T 15905—2011)、《塑料在恒定湿热条件下的曝露试验方法》(GB/T 12000—2003)]是一种人工模拟环境试验,它是用湿热试验设备产生一定的湿热环境条件,来模拟产品在储存、运输和使用过程中可能遇到的湿热环境条件,以评价产品的湿热环境适应性。湿热老化试验除能人工模拟环境条件外,还具有加速作用,可大大缩短试验周期。

4.2.2.3　人工气候老化法

人工气候老化[《土工合成材料测试规程》(SL 235—2012)]是在实验室模拟户外气候条件进行的加速老化试验,通常采用气候老化试验箱,用碳弧灯、氙灯或紫外荧光灯照射模拟日光的紫外线照射,周期性地向试样喷洒水来模拟降水。人工气候老化试验弥补了自然空气试验周期长的弱点,可以模拟、强化地面气候作用因素(光、热、降水等),但又不能完全模拟空气条件。

4.2.3　老化评价与表征指标

4.2.3.1　物理表观性能指标

物理表观性能指标是最直观评价老化的指标,主要有表面表观变化(通过目测试样发生局部粉化、龟裂、斑点、银纹、裂缝、起泡、发黏、翘曲、鱼眼、起皱、收缩、焦烧等外观的变化)、光学性能(如光泽、色变和透射率等)变化、物理性能(如溶解性、溶胀性、流变性能、耐寒性、耐热性、耐光性、透水性、透气性、溶液黏度、熔融态黏度、质量等)变化。结合典型工程情况,确定评价的物理表观性能指标为起泡、发黏、翘曲、起皱、收缩、光泽、色变、质量变化等。

4.2.3.2　力学性能指标

高分子材料在工程结构中的应用,必然要涉及强度,因而必然要研究其力学性能。力学性能的重要指标主要有拉伸强度、伸长率、弯曲强度、冲击强度、压缩强度、疲劳性能、定伸变形、相对伸长率、可塑性能、应力松弛、蠕变等性能的变化。根据工程运行特性,确定表征复合土工膜力学性能指标为拉伸强度、伸长率、撕裂强力、渗透系数。

4.2.3.3　微观分析方法

材料的宏观物理性能和力学性能是由其微观结构所决定的,因此在研究高分子材料的老化时,除了用某些宏观物理性能和力学性能作为评价标准,还可以采用微观分析方法。特别是建立人工老化和大气老化之间的相关模型时,微观分析方法显得更为重要。由于缺乏相关设备及研究时间所限,对复合土工膜未开展微观试验及分析工作,有待今后进一步研究。

4.3　复合土工膜老化试验

4.3.1　试验基本思想

加速试验的基本思想是利用高温、高湿下的寿命特征去外推正常温度、湿度下的寿命特征,其关键在于建立寿命特征与温度、湿度之间的关系,由此就可以实现外推正常温度、湿度下寿命特征的目的。

4.3.2　试验方案设计

由调研可知,南水北调工程渠道边坡复合土工膜(如图 4-5 所示)作为防渗材料,没有直接暴露在大气环境中,其上覆有混凝土作为保护层,其下铺设有保温板、砂砾垫层等。因此,自然气候老化试验采用现场实体模型试验的方式进行,在施工现场按渠道边坡实际施工情况,制作便于取样的模型试验箱,完全模拟自然气候的作用,间隔一定时间段,取样进行相关指标测试。

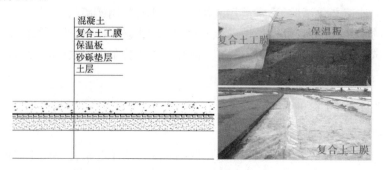

图 4-5 南水北调工程渠道结构组成示意图

人工加速老化试验分两种情况进行模拟:一是针对渠道运行期蓄水位以上的复合土工膜应用情况,不考虑水分的影响或水分影响不大,实际使用中复合土工膜发生一定程度的老化,主要是由热、氧作用引起的。采用室内热老化的试验方法,研究复合土工膜强度随时间的变化规律,在此基础上建立强度变化数学模型,对其使用寿命进行预测。二是针对渠道运行期蓄水位以下复合土工膜使用情况,考虑热、氧及水分影响,采用室内湿热老化的试验方法,研究复合土工膜强度随时间的变化规律,在此基础上建立强度变化数学模型,对其使用寿命进行预测。试验方案设计如表 4-4 所示。

表 4-4 老化试验方案设计

试验类型	自然气候老化	人工加速老化			
		热老化		湿热老化	
试验仪器	工程现场模型箱试验	电热鼓风干燥箱 101(-2AB)型		温、湿度试验箱	
试验条件	按渠道边坡实际施工情况制作模型箱,模型尺寸:长 60 cm、宽 60 cm、高 40 cm	试验温度	60 ℃、80 ℃、100 ℃	试验温度、湿度	40 ℃、60 ℃
					85%、95%、100%
检测指标	力学性能指标:纵向拉伸强度及伸长率、横向拉伸强度及伸长率、纵向弹性模量、横向弹性模量、纵向撕裂强力、横向撕裂强力、渗透系数;物理性能指标:单位面积质量、厚度、尺寸				

4.3.3 试验主要过程及步骤

4.3.3.1 质量测定

采用 TG628A 型电子天平(见图 4-6),将试验前、后的试样逐一在天平上称量,读数精确至 0.001 g,记录初始质量、试验后质量。

图 4-6　复合土工膜质量测定

4.3.3.2　厚度测定

采用 YG(B)141D 型数字式织物厚度仪(见图 4-7),按照《土工合成材料测试规程》(SL 235—2012)的要求,在 2 kPa 压力下对试样厚度进行测定,测定时首先调整压块,擦净基准板和压块,压块放在基准板上,调整厚度计量表零点。将试样平放在基准板与压块之间,压力加上 30 s 后记录计量表读数。

图 4-7　复合土工膜厚度测定

4.3.3.3　拉伸强度及伸长率测定

采用 CMT4104 型微机控制电子万能试验机对条带试样进行拉伸强度及相应伸长率的测定(见图 4-8),按照《土工合成材料测试规程》(SL 235—2012)的要求,设定拉伸速率 20 mm/min,两夹具初始间距调至 100 mm,将试样对中放入夹具内夹紧,开启试验机,同时启动记录装置,记录拉力与伸长量曲线,直至试样破坏,拉伸强度及伸长率计算公式如式(4-1)、式(4-2)所示。

$$T_1 = \frac{F}{B} \tag{4-1}$$

式中：T_1 为拉伸强度，kN/m；F 为最大拉力，kN；B 为试样宽度，m。

$$\varepsilon = \frac{\Delta L}{L_0} \times 100\% \tag{4-2}$$

式中：ε 为伸长率(%)；L_0 为试样计量长度，mm；ΔL 为最大拉力时试样计量长度的伸长量，mm。

4.3.3.4　撕裂强力测定

采用 CMT4104 型微机控制电子万能试验机对试样进行撕裂强力的测定(见图 4-9)，按照《土工合成材料测试规程》(SL 235—2012)的要求，将试验机夹具初始距离调整为 25 mm，设定拉伸速率为 300 mm/min。将试样放入夹具内，使试样上的梯形线与夹具边缘齐平。梯形的短边平整绷紧，其余部分呈折叠状，开启试验机，直至试样破坏，并记录最大撕裂力。

图 4-8　复合土工膜拉伸强度及伸长率测定　　　　图 4-9　复合土工膜撕裂强力测定

4.3.3.5　渗透系数测定

采用自主研发的低压缩性渗透试验装置，对土工膜在 100 kPa 压力作用下的渗透系数进行测定。该试验装置包括试样加载装置、自动补偿加压系统、体变管，如图 4-10~图 4-12 所示。渗透试验读数时间间隔宜视渗水量快慢而定，开始时每隔 60 min 读数一次，当渗水量逐渐减小后适当延长间隔时间。试验持续时间，按前、后两次间隔时间内渗水量差小于 2% 作为判稳标准，以后一次间隔时间内渗水量作为测试值，根据式(4-3)计算渗透系数。

$$k_{m20} = \frac{V\delta}{A\Delta ht}\eta \tag{4-3}$$

式中：k_{m20} 为试样 20 ℃时渗透系数，cm/s；V 为渗透水量，cm³；δ 为试样厚度，cm；A 为试样过水面积，cm²；Δh 为上下面水位差(试样上所加的水压，以水柱高度计)，cm；t 为通过水量 V 的历时，s；η 为水温修正系数。

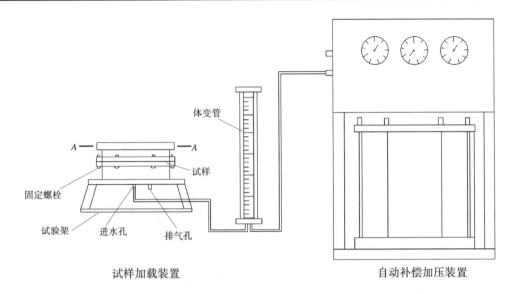

图 4-10　低压缩性渗透试验测定装置示意图

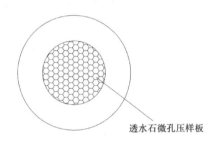

图 4-11　A—A 断面示意图

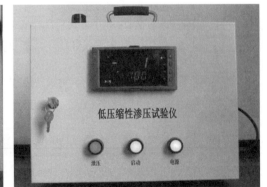

图 4-12　低压缩性渗透试验测定装置实物

4.3.4　自然气候老化试验

4.3.4.1　自然气候老化试验方案

根据南水北调工程现场实际情况,综合后期取样方便、试验成本经济等因素,自然老化试验采用现场实体模型试验的方式。模型长、宽、高分别为 60 cm、60 cm、40 cm,模型坡度与渠道坡度一致。按现场渠道施工方式,首先在模型内回填土料,然后在其上依次铺设 10 cm 砂砾垫层、保温板、两布一膜复合土工膜,最后浇筑 10 cm 混凝土(见图 4-13)。自然气候老化试验方案如表 4-5 所示。

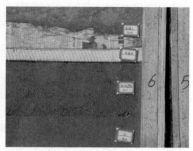

图 4-13　现场实体模型

表 4-5　自然气候老化试验方案

模型箱尺寸	模型箱材料	模型箱数量	测试指标	相关指标测试设备
长 60 cm×宽 60 cm×高 40 cm	顶面露天,底面、四周三面为木板装订(便于拆卸),一面为玻璃(用于观察)	6 个	质量	TG628A 电子天平
			厚度	YG(B)141D 数字式织物厚度仪
			纵向拉伸强度及伸长率、横向拉伸强度及伸长率、纵向弹性模量、横向弹性模量	CMT4104 电子万能试验机
			纵向撕裂强力、横向撕裂强力	CMT4104 电子万能试验机
			渗透系数	低压缩性渗透试验装置

4.3.4.2　试验结果与分析

对自然气候老化试验条件下,不同老化时间后复合土工膜进行拉伸强度、伸长率、撕裂强力等力学性能指标的试验,成果如表 4-6 所示,力学性能与老化时间的关系曲线如图 4-14~图 4-19 所示。

表 4-6　自然气候老化试验成果

试验周期（d）	纵向拉伸强度（kN/m）	纵向伸长率（%）	纵向弹性模量（MPa）	横向拉伸强度（kN/m）	横向伸长率（%）	横向弹性模量（MPa）	纵向撕裂强力（kN）	横向撕裂强力（kN）	渗透系数（cm/s）
0	22.080	76.460	33.534	16.370	85.000	25.394	0.730	0.630	5.151×10^{-12}
347	20.100	64.210	26.270	15.540	62.160	21.582	0.565	0.605	5.449×10^{-12}
398	19.953	55.662	28.845	14.430	61.935	29.568	0.531	0.530	5.882×10^{-12}
设计值	14	50	—	14	50	—	0.4	0.4	1×10^{-11}

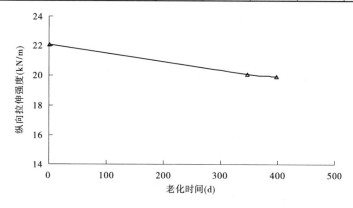

图 4-14　纵向拉伸强度与时间关系曲线

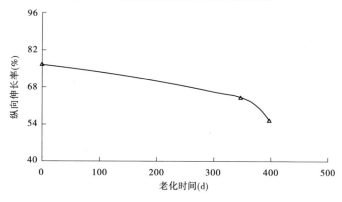

图 4-15　纵向伸长率与时间关系曲线

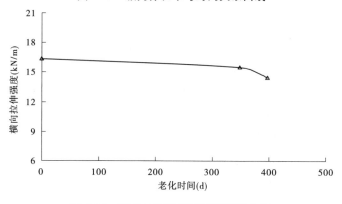

图 4-16　横向拉伸强度与时间关系曲线

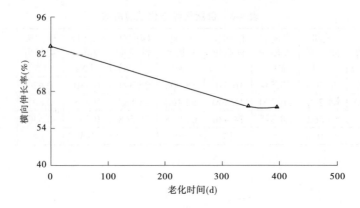

图 4-17　横向伸长率与时间关系曲线

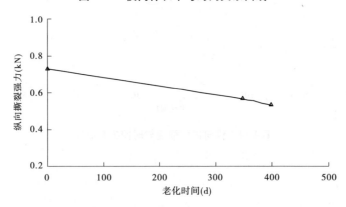

图 4-18　纵向撕裂强力与时间关系曲线

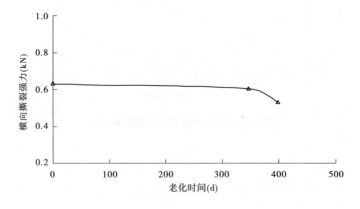

图 4-19　横向撕裂强力与时间关系曲线

　　由表 4-6 及图 4-14~图 4-19 可以看出,复合土工膜拉伸强度、伸长率、撕裂强力均随着老化时间的增加总体呈下降趋势,老化 1 年左右后仍能满足设计指标要求;弹性模量随老化时间变化不太显著;渗透系数随老化时间增加总体呈增大趋势,但变化不显著,保持在同一数量级,均能满足工程防渗的设计要求。

4.3.5 热老化加速试验

针对运行期蓄水位以上的复合土工膜应用情况,不考虑水分的影响或水分影响不大,实际使用中复合土工膜发生一定程度的老化,主要是由热、氧作用引起。因此,可考虑采用室内热老化的试验方法,研究复合土工膜强度随时间的变化规律,在此基础上建立强度变化数学模型,对其使用寿命进行预测。

4.3.5.1 热老化试验方案

将制备好的不同规格试样放入 101(-2AB)型电热鼓风干燥箱(见图 4-20)内,分别进行不同温度下的热老化试验,每隔一段时间取出试样,采用电子天平、厚度仪、电子万能试验机等仪器设备对试样进行相关物性及力学性能指标测量与试验。具体如表 4-7 所示。

图 4-20　101(-2AB)型电热鼓风干燥箱

表 4-7　热老化试验方案

试验类型	热老化试验仪器	试验温度	测试指标	相关指标测试设备
热老化	101(-2AB)型电热鼓风干燥箱	100 ℃、80 ℃、60 ℃	质量	TG628A 电子天平
			厚度	YG(B)141D 数字式织物厚度仪
			纵向拉伸强度及伸长率、横向拉伸强度及伸长率、纵向弹性模量、横向弹性模量	CMT4104 电子万能试验机
			纵向撕裂强力、横向撕裂强力	CMT4104 电子万能试验机
			渗透系数	低压缩性渗透试验装置

4.3.5.2　试验结果与分析

对热老化试验条件下,不同老化时间后复合土工膜进行拉伸强度、伸长率、撕裂强力等力学性能指标的试验,成果如表4-8所示,力学性能随时间变化的关系曲线如图4-21~图4-26所示。

表4-8　热老化加速试验成果

试验温度(℃)	周期(d)	纵向拉伸强度(kN/m)	纵向伸长率(%)	纵向弹性模量(MPa)	横向拉伸强度(kN/m)	横向伸长率(%)	横向弹性模量(MPa)	纵向撕裂强力(kN)	横向撕裂强力(kN)	渗透系数(cm/s)
100	0	22.080	76.460	33.534	16.370	85.000	25.394	0.730	0.630	5.151×10^{-12}
	3	20.130	68.040	31.760	16.630	84.300	24.198	0.678	0.549	6.567×10^{-12}
	6	21.330	70.700	32.676	16.145	80.500	27.394	0.643	0.557	5.977×10^{-12}
	9	20.310	74.570	30.887	17.073	76.607	24.510	0.587	0.504	6.982×10^{-12}
	13	19.510	69.087	29.503	15.343	67.410	25.126	0.611	0.477	4.993×10^{-12}
	20	18.084	66.757	22.464	14.230	64.310	24.432	0.560	0.410	5.297×10^{-12}
	25	17.760	64.670	27.578	13.160	63.010	27.570	0.480	0.370	6.177×10^{-12}
	30	15.330	62.900	28.786	12.390	61.340	24.028	0.390	0.290	6.913×10^{-12}
	35	14.240	59.350	32.499	11.860	60.130	23.261	0.340	0.220	7.470×10^{-12}
80	0	22.080	76.460	33.534	16.370	85.000	25.394	0.730	0.630	5.151×10^{-12}
	10	21.563	74.796	34.409	16.029	84.400	24.843	0.674	0.620	6.758×10^{-12}
	20	21.059	73.167	27.578	15.693	81.312	21.484	0.678	0.598	6.077×10^{-12}
	30	20.998	71.582	36.027	15.334	79.523	26.028	0.637	0.576	7.012×10^{-12}
	40	20.349	70.053	32.602	14.991	77.876	28.703	0.618	0.559	5.193×10^{-12}
	50	19.721	68.495	33.897	14.661	76.149	25.432	0.606	0.549	4.997×10^{-12}
	60	18.991	67.009	29.736	14.345	74.501	27.839	0.589	0.536	5.277×10^{-12}
	80	18.223	64.121	34.786	13.728	71.283	26.028	0.578	0.528	6.913×10^{-12}
	100	17.781	61.361	32.602	13.137	68.214	28.091	0.586	0.516	5.747×10^{-12}
60	0	22.080	76.460	33.534	16.370	85.000	25.394	0.730	0.630	5.151×10^{-12}
	10	21.680	79.730	38.673	16.140	85.035	29.789	0.675	0.623	5.877×10^{-12}
	25	21.605	76.960	34.015	16.760	84.370	26.658	0.679	0.628	5.256×10^{-12}
	33	21.620	69.180	34.602	16.560	83.535	26.438	0.650	0.592	5.812×10^{-12}
	40	20.590	72.230	34.323	16.370	81.460	26.425	0.642	0.576	5.896×10^{-12}
	48	20.480	71.400	35.202	15.850	80.060	25.413	0.643	0.567	6.401×10^{-12}
	55	20.380	70.710	22.447	15.533	78.930	24.738	0.612	0.558	5.918×10^{-12}

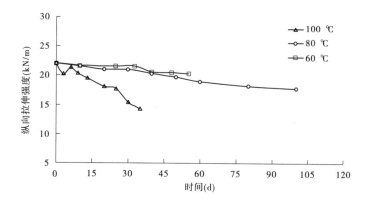

图 4-21　纵向拉伸强度与时间关系曲线

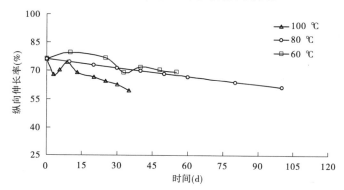

图 4-22　纵向伸长率与时间关系曲线

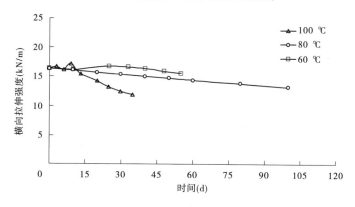

图 4-23　横向拉伸强度与时间关系曲线

由图 4-21～图 4-26 可以看出,复合土工膜拉伸强度、伸长率、撕裂强力均随老化时间的增加总体呈下降趋势,在三种不同试验温度条件下,力学性能指标下降速度也不相同;弹性模量随老化时间变化不太显著,有稍微增大的趋势;渗透系数随老化时间增加虽然有所变化,但仍保持在同一数量级,能满足工程防渗的设计要求。

由图 4-21～图 4-26 可以看出,复合土工膜拉伸强度、伸长率与撕裂强力下降速率随试验温度变化较显著,在三种不同的试验温度条件下,下降速度也不同,表现为温度越高,

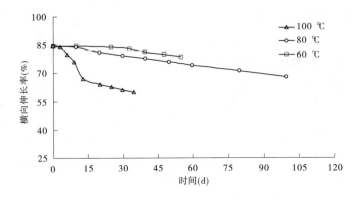

图 4-24　横向伸长率与时间关系曲线

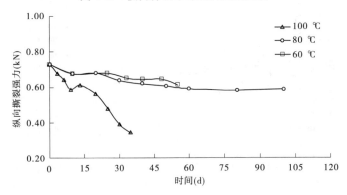

图 4-25　纵向撕裂强力与时间关系曲线

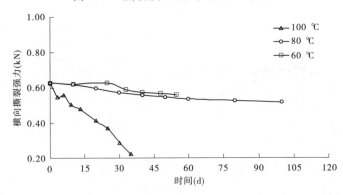

图 4-26　横向撕裂强力与时间关系曲线

下降速率越大,力学性能衰减越快;温度越低,下降速率越小,力学性能衰减较慢。试验温度 100 ℃时,拉伸强度、伸长率与撕裂强力下降最快;试验温度 80 ℃时,拉伸强度、伸长率与撕裂强力下降速率居中;试验温度 60 ℃时,拉伸强度、伸长率与撕裂强力下降较为缓慢。

　　由表 4-8 及图 4-21~图 4-24 可知,同一温度条件下,复合土工膜拉伸强度与伸长率变化规律表现为以纵向拉伸强度下降速率较大,如试验温度 100 ℃、试验周期 35 d 后,复合土工膜纵向拉伸强度下降为初始强度的 64.5%,纵向伸长率下降为初始的 77.6%,横向拉伸强度下降为初始强度的 72.4%,横向伸长率下降为初始的 70.7%;试验温度 60 ℃、试验周期 55 d 后,复合土工膜纵向拉伸强度下降为初始强度的 92.3%,纵向伸长率下降为初始的 92.5%,横向拉伸强度下降为初始强度的 94.9%,横向伸长率下降为初始的92.9%。

4.3.6 湿热老化加速试验

根据南水北调工程渠道边坡复合土工膜现场使用情况,针对运行期蓄水位以下复合土工膜使用情况,考虑热、氧及水分影响,采用室内湿热老化的试验方法,研究复合土工膜强度随时间的变化规律,在此基础上建立强度变化数学模型,对其使用寿命进行预测。

4.3.6.1 湿热老化试验方案

将制备好的不同规格试样放入立德泰劢(上海)科学仪器有限公司生产的 LT-BIX200HLM 型高低温试验箱(见图 4-27)内,分别进行不同温度、湿度下的湿热老化试验,每隔一段时间取出试样,采用电子天平、厚度仪、电子万能试验机等仪器设备对试样进行相关物性及力学性能指标测量与试验。具体如表 4-9 所示。

图 4-27 LT-BIX200HLM 型高低温试验箱

表 4-9 湿热老化试验方案

试验类型	湿热老化试验仪器	试验温度、湿度	测试指标	相关指标测试设备
湿热老化	LT-BIX200HLM 型高低温试验箱	40 ℃、湿度 95% 60 ℃、湿度 85% 60 ℃、湿度 95% 60 ℃、湿度 100%	质量	TG628A 电子天平
			厚度	YG(B)141D 数字式织物厚度仪
			纵向拉伸强度及伸长率、横向拉伸强度及伸长率、纵向弹性模量、横向弹性模量	CMT4104 电子万能试验机
			纵向撕裂强力、横向撕裂强力	CMT4104 电子万能试验机
			渗透系数	低压缩性渗透试验装置

4.3.6.2　试验结果与分析

对湿热老化试验条件下,不同老化时间后复合土工膜进行拉伸强度、伸长率、撕裂强力等力学性能指标的试验,成果如表 4-10 所示,力学性能与老化时间的关系曲线见图 4-28~图 4-33。

表 4-10　湿热老化试验成果

试验温度、湿度	周期(d)	纵向拉伸强度(kN/m)	纵向伸长率(%)	纵向弹性模量(MPa)	横向拉伸强度(kN/m)	横向伸长率(%)	横向弹性模量(MPa)	纵向撕裂强力(kN)	横向撕裂强力(kN)	渗透系数(cm/s)
40 ℃、95%	0	22.080	76.460	33.534	16.370	85.000	25.394	0.730	0.630	5.151×10^{-12}
	30	21.150	74.880	32.730	15.270	81.690	32.528	0.696	0.623	7.154×10^{-12}
	60	21.040	73.320	30.010	14.380	77.730	30.631	0.670	0.610	4.902×10^{-12}
	80	19.735	71.180	35.134	13.780	77.330	28.829	0.669	0.586	1.471×10^{-11}
	100	18.675	71.275	31.714	13.580	76.940	32.641	0.668	0.579	7.496×10^{-12}
	120	18.310	70.910	40.934	13.585	74.600	30.892	0.634	0.570	7.668×10^{-12}
	131	17.840	68.160	36.511	13.380	72.855	34.350	0.585	0.567	7.758×10^{-12}
	145	17.850	68.030	36.735	13.620	71.705	36.800	0.514	0.564	7.765×10^{-12}
60 ℃、95%	0	22.080	76.460	33.534	16.370	85.000	25.394	0.730	0.630	5.151×10^{-12}
	11	21.170	72.970	25.061	15.170	82.270	30.176	0.695	0.612	3.834×10^{-12}
	18	21.020	70.485	32.028	14.920	79.090	32.317	0.681	0.602	7.836×10^{-12}
	26	20.590	69.430	27.685	15.030	76.375	36.526	0.662	0.581	5.102×10^{-12}
	40	19.330	66.840	24.060	13.975	73.195	22.988	0.602	0.561	6.802×10^{-12}
60 ℃、85%	0	22.080	76.460	33.534	16.370	85.000	25.394	0.730	0.630	5.151×10^{-12}
	10	21.890	73.990	27.795	16.190	82.300	5.614	0.700	0.613	2.538×10^{-11}
	40	20.560	68.350	30.241	16.050	79.660	5.560	0.669	0.601	5.046×10^{-12}
	55	19.990	67.330	21.228	15.937	76.680	34.037	0.657	0.589	3.918×10^{-12}
	64	19.810	66.580	45.552	15.800	75.480	36.552	0.650	0.577	6.984×10^{-12}
	72	19.660	65.625	35.376	16.370	74.397	5.582	0.637	0.558	6.948×10^{-12}
	80	19.275	63.520	48.021	15.650	73.720	36.849	0.617	0.544	3.331×10^{-12}
	87	19.360	62.340	42.652	15.373	72.000	33.276	0.601	0.521	5.211×10^{-12}
	94	18.900	61.640	39.171	15.160	69.960	25.777	0.585	0.520	5.628×10^{-12}

由图 4-28~图 4-33 可以看出,复合土工膜拉伸强度、伸长率、撕裂强力均随老化时间的增加总体呈下降趋势,在两种不同温度、湿度条件下,力学性能指标下降速度也不相同;弹性模量随老化时间变化不太显著,有稍微增大的趋势;渗透系数随老化时间增加虽然有所变化,但仍保持在同一数量级,能满足工程防渗的要求。

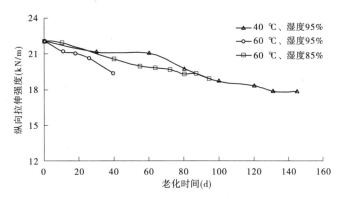

图 4-28　纵向拉伸强度与老化时间关系曲线

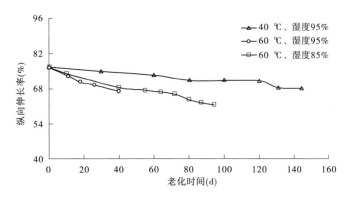

图 4-29　纵向伸长率与老化时间关系曲线

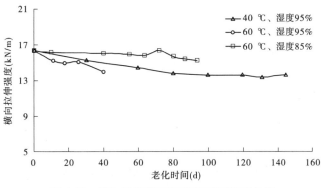

图 4-30　横向拉伸强度与老化时间关系曲线

由图 4-28~图 4-33 可以看出,复合土工膜拉伸强度、伸长率与撕裂强力下降速度随试验温度、湿度变化较显著,在三种不同的试验条件下,下降速度也不同,表现为温度越高,湿度越大,下降速度越快,力学性能衰减越快;温度越低,湿度越小,下降速度越小,力学性能衰减越慢。试验温度 60 ℃、湿度 95%时,拉伸强度、伸长率与撕裂强力下降最快;试验温度 60 ℃、湿度 85%时,拉伸强度、伸长率与撕裂强力下降速度居中;试验温度 40 ℃、湿度 95%时,拉伸强度、伸长率与撕裂强力下降较为缓慢。

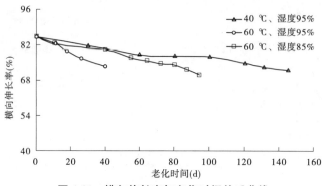

图 4-31　横向伸长率与老化时间关系曲线

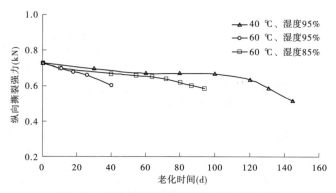

图 4-32　纵向撕裂强力与老化时间关系曲线

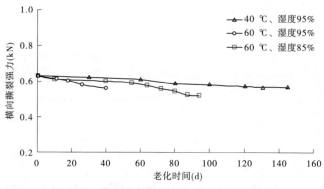

图 4-33　横向撕裂强力与老化时间关系曲线

1.不同温度下复合土工膜老化性能分析

根据试验结果,对比分析不同温度下复合土工膜纵横向拉伸强度、纵横向伸长率、纵横向撕裂强力,如图 4-34~图 4-39 所示。

由图 4-34~图 4-39 可以看出,在湿度相同的情况下,试验温度越高,复合土工膜拉伸强度、伸长率、撕裂强力下降速度越快,复合土工膜老化性能随温度的升高呈现出老化速率加快的趋势。

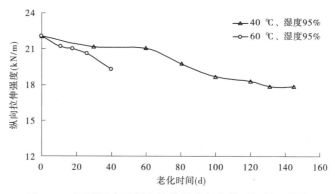

图 4-34　不同温度下纵向拉伸强度与老化时间关系曲线

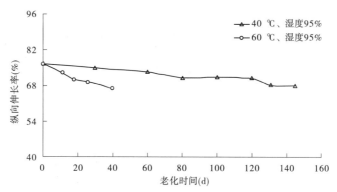

图 4-35　不同温度下纵向伸长率与老化时间关系曲线

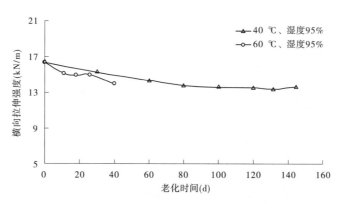

图 4-36　不同温度下横向拉伸强度与老化时间关系曲线

　　由表 4-10 及图 4-34、图 4-36 可知,试验温度 40 ℃、湿度 95% 时,拉伸强度下降为初始强度的 85%,需要 80 d 左右的时间;而试验温度 60 ℃、湿度 95% 时,拉伸强度下降为初始强度的 85%,仅需要 40 d 左右的时间。

　　由表 4-10 及图 4-35、图 4-37 可知,试验温度 40 ℃、湿度 95% 时,伸长率下降为初始值的 87%,需要 120 d 左右甚至更长的时间;而试验温度 60 ℃、湿度 95% 时,伸长率下降为初始值的 87%,仅需要 40 d 左右的时间。

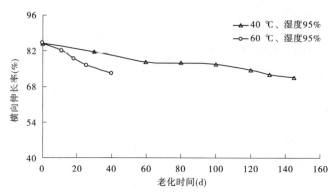

图 4-37 不同温度下横向伸长率与老化时间关系曲线

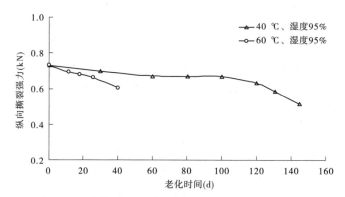

图 4-38 不同温度下纵向撕裂强力与老化时间关系曲线

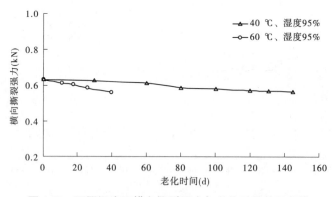

图 4-39 不同温度下横向撕裂强力与老化时间关系曲线

由表 4-10 及图 4-38、图 4-39 可知,试验温度 40 ℃、湿度 95%时,撕裂强力下降为初始值的 87%,需要 130 d 左右甚至更长的时间;而试验温度 60 ℃、湿度 95%时,撕裂强力下降为初始值的 85%,仅需要 40 d 左右的时间。

2.不同湿度下复合土工膜老化性能分析

根据试验结果,对比分析不同湿度下复合土工膜纵横向拉伸强度、纵横向伸长率、纵横向撕裂强力如图 4-40~图 4-45 所示。

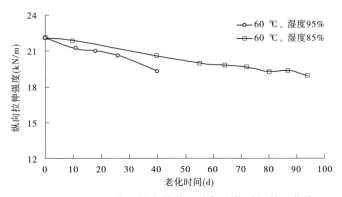

图 4-40　不同湿度下纵向拉伸强度与老化时间关系曲线

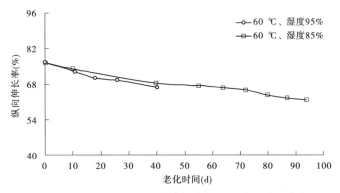

图 4-41　不同湿度下纵向伸长率与老化时间关系曲线

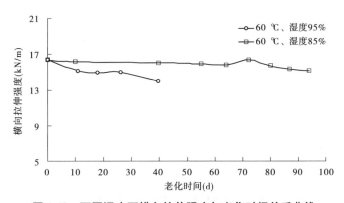

图 4-42　不同湿度下横向拉伸强度与老化时间关系曲线

由图 4-40~图 4-45 可以看出,在温度相同的情况下,试验湿度越高,复合土工膜拉伸强度、伸长率、撕裂强力下降速度越快,复合土工膜老化性能随湿度的升高呈现出老化速率加快的趋势。

由表 4-10 及图 4-40、图 4-42 可知,试验温度 60 ℃、湿度 85%时,拉伸强度下降为初始强度的 85%,需要 94 d 左右甚至更长的时间;而试验温度 60 ℃、湿度 95%时,拉伸强度下降为初始强度的 85%,仅需要 40 d 左右的时间。

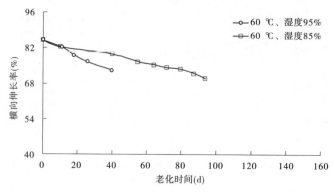

图 4-43　不同湿度下横向伸长率与老化时间关系曲线

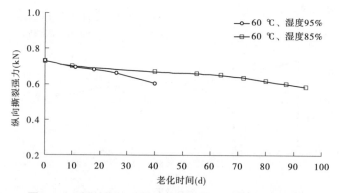

图 4-44　不同湿度下纵向撕裂强力与老化时间关系曲线

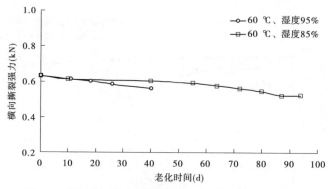

图 4-45　不同湿度下横向撕裂强力与老化时间关系曲线

　　由表 4-10 及图 4-41、图 4-43 可知,试验温度 60 ℃、湿度 85%时,伸长率下降为初始值的 87%,需要 72 d 左右的时间;而试验温度 60 ℃、湿度 95%时,伸长率下降为初始值的 87%,仅需要 40 d 左右的时间。

　　由表 4-10 及图 4-44、图 4-45 可知,试验温度 60 ℃、湿度 85%时,撕裂强力下降为初始值的 87%,需要 80 d 左右的时间;而试验温度 60 ℃、湿度 95%时,撕裂强力下降为初始值的 85%,仅需要 40 d 左右的时间。

4.4　复合土工膜使用寿命预测模型

目前,国内外很多学者在对土工合成材料老化寿命预测方面,均采用室内加速老化的试验方法进行。加速试验的基本思想是利用高温、高湿下的寿命特征去外推正常温度、湿度下的寿命特征,其关键在于建立寿命特征与温度、湿度之间的关系,由此就可以实现外推正常温度、湿度下寿命特征的目的。寿命特征是反映材料老化程度的重要参数,渠道用复合土工膜作为防渗材料,其主要机制是以塑料薄膜的不透水性隔断漏水通道,以其较大的抗拉强度和伸长率承受水压和适应建筑物变形。因此,选用拉伸强度预测复合土工膜使用寿命比较合理。

基于阿累尼乌斯反应速率理论,引入归一化因子老化速率,考虑不同温度、湿度的影响,建立拉伸强度随温度、湿度及老化时间变化的数学模型,从而预测复合土工膜在某种温度、湿度条件下,拉伸强度下降至一定值的老化时间即使用寿命。

4.4.1　热老化加速试验

一元非线性回归模型主要包括倒幂函数曲线、双曲线、幂函数曲线、指数曲线、倒指数曲线、对数曲线、S 形曲线等,根据图 4-21 拉伸强度变化规律及表 4-11 的分析结果,确定选用指数曲线作为复合土工膜拉伸强度随老化时间变化的回归模型,即

$$P = P_0 e^{-kt} \tag{4-4}$$

式中:P 为复合土工膜老化 t 时间后拉伸强度,kN/m;P_0 为复合土工膜初始拉伸强度,kN/m;k 为与温度相关的老化速率;t 为老化时间,d。

表 4-11　拉伸强度对老化时间的回归分析

曲线类型	表达式	取值范围	分析结果
倒幂函数曲线	$P = a - k\dfrac{1}{t}$	$t \neq 0$	与实际情况不符
幂函数曲线	$P = dt^k$	$t = 0$ 时,$P = 0$	与实际情况不符
指数曲线	$P = de^{kt}$	$t \geqslant 0$	采用
倒指数曲线	$P = de^{\frac{k}{t}}$	$t \neq 0$	与实际情况不符

4.4.1.1　热老化速率的确定

由前述可知,热老化加速试验中老化速率 k 随温度 T 的变化可以用 Arrhenius 公式来描述,即

$$k = Ae^{-\frac{E}{RT}} \tag{4-5}$$

式中:k 为与温度相关的老化速率;A 为频率因子;E 为表观活化能;R 为通用气体常数;T 为热力学温度,K。

对上式进行变换,两边取自然对数后,得到如下公式:

$$\ln k = \ln A + \frac{B}{T} \tag{4-6}$$

式中：B 为不随温度变化的常数，$B = -\dfrac{E}{R}$。

对不同温度条件下的拉伸强度与老化时间关系曲线进行拟合，如图 4-46 所示，得出不同温度条件下的复合土工膜老化速率，如表 4-12 所示。

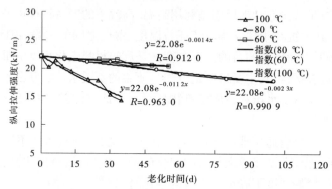

图 4-46　不同温度条件下复合土工膜拉伸强度与老化时间关系曲线拟合

表 4-12　不同温度条件下复合土工膜老化速率

试验温度 （℃）	周期 （d）	纵向拉伸强度 （kN/m）	拟合曲线	老化速率 k	相关指数 R
100	0	22.080	$P = 22.08\mathrm{e}^{-0.011\,2t}$	0.011 2	0.963 0
	3	20.130			
	6	21.330			
	9	20.310			
	13	19.510			
	20	18.084			
	25	17.760			
	30	15.330			
	35	14.240			
80	0	22.080	$P = 22.08\mathrm{e}^{-0.002\,3t}$	0.002 3	0.990 9
	10	21.563			
	20	21.059			
	30	20.998			
	40	20.349			
	50	19.721			
	60	18.991			
	80	18.223			
	100	17.781			

续表 4-12

试验温度	周期 （d）	纵向拉伸强度 （kN/m）	拟合曲线	老化速率 k	相关指数 R
60	0	22.080	$P = 22.08e^{-0.001\,4t}$	0.001 4	0.912 0
	10	21.680			
	25	21.605			
	33	21.620			
	40	20.590			
	48	20.480			
	55	20.380			

　　根据试验数据对各温度下的 $\ln k$ 进行回归分析，拟合成果如表 4-13 所示，得出不同温度条件下的老化速率模型如下：

$$k = e^{12.4 - \frac{6\,391.4}{T}} \tag{4-7}$$

式中：k 为与温度相关的老化速率；T 为热力学温度，K。

表 4-13　老化速率对温度的回归分析成果

温度（℃）	$\ln k$	$1/T$	$\ln A$	B	相关指数
100	−4.491 841 5	0.002 679 9	12.4	−6 391.4	0.947 0
80	−6.074 846 2	0.002 831 7			
60	−6.571 283 0	0.003 001 7			

4.4.1.2　寿命预测模型的确定

　　将老化速率模型式（4-7）代入式（4-4），得出复合土工膜拉伸强度随老化时间的变化规律，即

$$P = P_0 e^{-e^{12.4 - \frac{6\,391.4}{T}}t} \tag{4-8}$$

式中：P 为复合土工膜老化 t 时间后拉伸强度，kN/m；P_0 为复合土工膜初始拉伸强度，kN/m；T 为热力学温度，K；t 为老化时间，d。

4.4.1.3　寿命预测

　　自然界的环境千变万化，即使同一地区在同一天中不同时段，光照、温度及湿度等环境因子也有较大的变化，而环境变量与寿命预测息息相关，不同水平的环境因子，对应的寿命也不尽相同。

　　由前述可知，所选工程渠段多年平均气温 14.1 ℃，因此假定工程常年在此温度条件下运行，以拉伸强度下降至初始性能的 50% 作为失效判据，对复合土工膜使用寿命进行预测，得出使用温度 14.1 ℃时，复合土工膜使用寿命为 36.0 年，如表 4-14 所示。

表 4-14　仅考虑温度影响的复合土工膜寿命预测成果

温度条件	对应老化速率	失效判据	使用寿命(年)
14.1 ℃	5.3×10^{-5}	$0.5P_0$	36.0

4.4.2　湿热老化加速试验

一元非线性回归模型主要包括倒幂函数曲线、双曲线、幂函数曲线、指数曲线、倒指数曲线、对数曲线、S 形曲线等,根据图 4-46 拉伸强度变化规律及表 4-15 分析结果,确定选用指数曲线作为复合土工膜拉伸强度随老化时间变化的回归模型,即

$$P = P_0 e^{-kt} \tag{4-9}$$

式中: P 为复合土工膜老化 t 时间后拉伸强度,kN/m; P_0 为复合土工膜初始拉伸强度, kN/m; k 为与温度和湿度相关的老化速率; t 为老化时间,d。

表 4-15　拉伸强度对老化时间的回归分析

曲线类型	表达式	取值范围	分析结果
倒幂函数曲线	$P = a - k\dfrac{1}{t}$	$t \neq 0$	与实际情况不符
幂函数曲线	$P = dt^k$	$t = 0$ 时, $P = 0$	与实际情况不符
指数曲线	$P = ae^{bH}$	$0 \leqslant H \leqslant 1$	采用
倒指数曲线	$P = de^{\frac{k}{t}}$	$t \neq 0$	与实际情况不符
对数曲线	$P = a + k\ln t$	$t > 0$	与实际情况不符

4.4.2.1　湿热老化速率的确定

1. 不同湿度条件下的老化速率

考虑湿度对老化速率的影响,对相同温度、不同湿度条件下的拉伸强度与老化时间关系曲线进行拟合,如图 4-47 所示,得出相同温度、不同湿度条件下的复合土工膜老化速率,如表 4-16 所示。

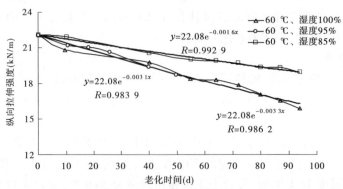

图 4-47　相同温度、不同湿度条件下复合土工膜拉伸强度与老化时间关系曲线拟合

表 4-16　相同温度、不同湿度条件下复合土工膜老化速率

试验温度、湿度	周期 (d)	纵向拉伸强度 (kN/m)	拟合曲线	老化速率 k	相关指数 R
60 ℃、85%	0	22.080	$P = 22.08\mathrm{e}^{-0.001\,6t}$	0.001 6	0.992 9
	10	21.890			
	40	20.560			
	55	19.990			
	64	19.810			
	72	19.660			
	80	19.275			
	87	19.360			
	94	18.900			
60 ℃、95%	0	22.080	$P = 22.08\mathrm{e}^{-0.003\,1t}$	0.003 1	0.983 9
	11	21.170			
	18	21.020			
	26	20.590			
	40	19.330			
60 ℃、100%	0	22.080	$P = 22.08\mathrm{e}^{-0.003\,3t}$	0.003 3	0.986 2
	10	20.810			
	40	19.710			
	55	18.360			
	64	18.287			
	72	17.820			
	80	17.070			
	87	16.535			
	94	15.830			

2.老化速率与湿度的关系

将相同温度、不同湿度条件下复合土工膜老化速率与湿度关系绘制成图 4-48,根据图 4-48变化趋势及表 4-17 分析结果,确定选用指数曲线来拟合老化速率与湿度的关系,即

$$k = a\mathrm{e}^{bH} \tag{4-10}$$

式中:k 为与温度和湿度相关的老化速率;a、b 为待定常数;H 为湿度(%)。

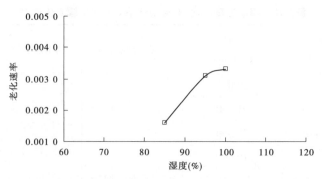

图 4-48　相同温度、不同湿度条件下老化速率与湿度关系曲线

表 4-17　老化速率对湿度的回归分析成果

曲线类型	表达式	取值范围	分析结果	相关指数
双曲线	$\dfrac{1}{k} = a + b\dfrac{1}{H}$	$H \neq 0$	与实际情况不符	—
指数曲线	$k = ae^{bH}$	$0 \leqslant H \leqslant 1$	采用	0.967 5
对数曲线	$k = a + b\ln H$	$H > 0$	与实际情况不符	—

3.温度、湿度共同作用下的老化速率

利用试验得到的高温、高湿条件下的寿命特征去外推自然环境下的寿命特征,关键在于确定寿命特征与温度、湿度之间的关系。以热老化加速模型为基础,考虑湿度对老化速率的影响,得出温度、湿度共同作用下的老化速率模型。

$$k = \frac{a}{T}e^{\frac{B}{T}}e^{bH} \tag{4-11}$$

式中:k 为与温度和湿度相关的老化速率;a、b、B 为待定常数;T 为热力学温度,K;H 为湿度(%)。

在式(4-11)中,变量之间为非线性关系,因此通过变量变换对式(4-11)进行线性回归,见式(4-12)。

$$\ln kT = \ln a + \frac{B}{T} + bH \tag{4-12}$$

根据试验数据对式(4-12)进行回归分析,拟合成果如表 4-18 所示,得出温度、湿度共同作用下的老化速率模型如下。

$$k = \frac{439.078\,1}{T}e^{\frac{-4\,109.646\,2}{T}}e^{6.614\,0H} \tag{4-13}$$

式中:k 为与温度和湿度相关的老化速率;T 为热力学温度,K;H 为湿度(%)。

表 4-18　老化速率对温度、湿度的回归分析成果

T/K	k	H	ln a	B	b
333.15	0.001 6	0.85			
313.15	0.001 5	0.95	6.084 7	−4 109.646 2	6.614 0
333.15	0.003 1	0.95			

4.4.2.2　寿命预测模型的确定

将老化速率模型式(4-13)代入式(4-9),得出复合土工膜拉伸强度随老化时间的变化规律,即

$$P = P_0 \mathrm{e}^{-\frac{439.078\ 1\ t}{T} \mathrm{e}^{\frac{-4\ 109.646\ 2}{T}} \mathrm{e}^{6.614\ 0H}} \tag{4-14}$$

式中:P 为复合土工膜老化 t 时间后拉伸强度,kN/m;P_0 为复合土工膜初始拉伸强度, kN/m;T 为热力学温度,K;t 为老化时间,d;H 为湿度(%)。

4.4.2.3　寿命预测

由前述可知,所选工程渠段多年平均气温 14.1 ℃,考虑湿度的影响,假定工程常年在温度 14.1 ℃、湿度 60%的条件下运行,以拉伸强度下降至初始性能的 50%作为失效判据,对复合土工膜使用寿命进行预测,得出使用温度 14.1 ℃、湿度 60%时,复合土工膜的使用寿命为 38.4 年,如表 4-19 所示。

表 4-19　考虑温度、湿度影响的复合土工膜寿命预测成果

温度条件(℃)	湿度条件(%)	对应老化速率	失效判据	使用寿命(年)
14.1	60	4.9×10⁻⁵	0.5P_0	38.4

4.4.3　模型验证

4.4.3.1　南水北调中线工程

根据南水北调工程现场实际情况,综合后期取样方便、试验成本经济等因素,自然老化试验采用模型试验的方式。施工方式充分模拟现场条件,试验前、后复合土工膜拉伸强度检测指标如表 4-20 所示。

表 4-20　南水北调工程模型箱复合土工膜检测结果

时间(d)	纵向拉伸强度(kN/m)	纵向伸长率(%)
0	22.080	76.460
347	20.100	64.210
398	19.953	55.662

结合南水北调工程实际应用情况,有温度、湿度的影响,选用湿热老化寿命预测模型分别对应于 347 d、398 d 的复合土工膜纵向拉伸强度进行预测,预测结果如表 4-21 所示。

表 4-21　南水北调中线工程湿热老化寿命预测模型预测结果

预测指标	时间（d）	模型箱值（kN/m）	预测值（kN/m）	误差（%）
纵向拉伸强度	347	20.100	21.704	7.98
	398	19.953	21.650	8.50

由表 4-21 可知，充分模拟南水北调工程施工方式现场模型箱复合土工膜老化 347 d、398 d 的检测值与湿热老化寿命预测模型预测值基本一致，误差分别为 7.98%、8.50%，模型预测可靠度可满足工程要求，说明在环境条件相似的情况下，该湿热老化寿命预测模型具有一定的应用价值。

4.4.3.2　西霞院反调节水库大坝

为考证西霞院工程复合土工膜在长期浸泡、土壤侵蚀等环境条件作用下，对自身技术性能、抗渗效果、老化速度等方面的影响，同时为今后西霞院水库长期安全运行提供基础资料，西霞院工程实地进行了土工膜老化试验。

复合土工膜试验区位于大坝与左坝肩连接部位上游侧，共设 5 年、10 年、15 年、20 年、30 年 5 个年份试验区，均采用 400 g/m^2/0.8 mm/400 g/m^2（两布一膜）规格，分别采用焊接和胶结方法连接，施工方式充分模拟现场条件。试验前对试验区的复合土工膜进行了原材料的取样检测，主要检测指标为抗拉强度和延伸率，其中 5 年试验区复合土工膜初始检测结果如表 4-22 所示。工程运行 5 年后，黄河水利水电开发总公司水力发电厂对试验区进行开挖取样，委托黄河水利委员会基本建设工程质量检测中心对经过 5 年老化的样品进行检测，检测结果如表 4-22 所示。

表 4-22　西霞院工程 5 年试验区复合土工膜检测结果

时间（年）	纵向拉伸强度（kN/m）	纵向伸长率（%）
0	47.6	65
5	40.2	49

结合西霞院工程实际应用情况，有温度、湿度的影响，选用湿热老化寿命预测模型对西霞院工程 5 年后复合土工膜纵向拉伸强度进行预测，预测结果如表 4-23 所示。

表 4-23　西霞院工程湿热老化寿命预测模型预测结果

预测指标	时间（年）	试验区值	预测值	误差（%）
纵向拉伸强度	5	40.2	43.491	8.19

由表 4-23 可知，经初步验证，西霞院工程使用 5 年的复合土工膜纵向拉伸强度实测值与湿热老化寿命预测模型预测值基本一致，误差为 8.19%，模型预测可靠度可满足工程要求，说明对于不同规格的复合土工膜，在环境条件相似情况下，该湿热老化寿命预测模型具有一定的参考价值。

4.5　复合土工膜老化对南水北调工程安全的影响分析

4.5.1　基本过程

一般数值模拟分析的过程如下:首先要建立反映问题(工程问题、物理问题等)本质的数学模型;其次数学模型建立之后,需要解决的问题是寻求高效率、高准确度的计算方法;然后在确定了计算方法和坐标系后,开始编制程序和进行计算;最后在计算工作完成后,大量数据通过图像形象地显示出来。

4.5.1.1　计算范围及边界条件

建模时选取典型工程段鹤壁Ⅲ标设计桩号为Ⅳ171+507.7 的断面作为计算断面,渠道断面为梯形,如图 4-9 所示。

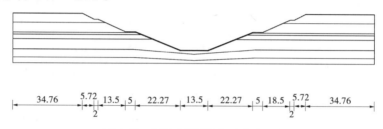

图 4-49　渠道典型断面　(单位:m)

由于断面左右大致对称,故在建模时选取断面的一半进行计算,水渠的坝基自渠底板往下 6.8 m 到泥灰岩,堤面的水平距离取为渠道深度的 2 倍左右,为 34.76 m,模型如图 4-50 所示。

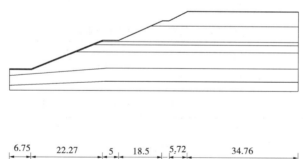

图 4-50　计算模型　(单位:m)

模型的边界条件:Geostudio 软件中 SIGMA/W 模块的边界条件包括水头边界条件和应力/应变边界条件、旋转边界条件。本模型中左右边界约束水平位移,下边界约束水平位移与竖向位移,模型的上游加水头边界条件压力值为 13.530 m(水头压力值指总水头,总水头=压力水头+标高,本模型中压力水头即设计水位到渠底的高度 95.533 m−88.533 m=7.000 m,而标高即渠底到渠基的高度,为 6.53 m,所以总水头=7.000 m+6.53 m=13.530 m),下游由于采取了排水措施,地下水位降低,水位取在渠底板下 0.5 m。

4.5.1.2　有限元分析模型及本构关系

采用二维模型来模拟,以模型的左下角为坐标原点,水平向为 X 轴,竖直方向为 Y 轴,建立二维直角坐标系。其中,黏土岩、泥灰岩、表面混凝土、保温板采用线弹性模型,其他形式土质均采用弹塑性模型,复合土工膜在此结构中用结构梁单元来模拟,只允许其受拉而不受压,复合土工膜与保温板的接触及砂砾层与保温板的接触均采用接触单元来模拟。各土层的参数如表 4-24 所示,复合土工膜相关参数如表 4-25 所示,接触单元相关参数如表 4-26 所示。模型的网格划分如图 4-51 所示,划分网格节点数为 2 179,划分总单元数为 2 093。

表 4-24　各土层参数

名称	黏聚力 c (kPa)	摩擦角 φ (°)	渗透系数 k (cm/s)	杨氏模量 E (MPa)	泊松比 ν	密度 ρ (g/cm³)	初始含水率 (%)
黄土状重粉质壤土	17	19	0.000 05	18	0.25	1.52	21.4
重粉质壤土	22	17	0.000 04	13	0.25	1.53	24.1
轻粉质壤土	12	22	0.000 02	15	0.25	1.5	
砾砂	20	20	0.086 80	50	0.3	1.6	
卵石	20	22	0.200 00	150	0.3	1.65	
黏土岩	25	78		200	0.3	1.70	16.8
泥灰岩	21	75		200	0.3	1.75	14.6
混凝土			0.086 8	26 000	0.3	2.5	
保温板			0.086 8	300	0.3	0.08	

表 4-25　复合土工膜的相关参数

名称	厚度 (mm)	密度 ρ (g/cm³)	杨氏模量 E (MPa)	泊松比 ν	渗透系数 k (cm/s)	破坏应力 (Pa)	破坏应变
复合土工膜	2.900	0.207	25.394	0.350	5.151×10^{-12}	5.773×10^{6}	0.850

表 4-26　接触单元的相关参数

接触参数	保温板与复合土工膜		保温板与砂砾层
	膜纵向沿剪切方向	膜纵向垂直剪切方向	
c(kPa)	12.700	12.100	16.300
φ(°)	24.700	25.200	34.700
剪切模量(MPa)	7.050	0.896	44.530

4.5.1.3　初始地应力场

在岩土工程数值计算中,初始地应力场是必须予以重视的问题。这主要是基于以下

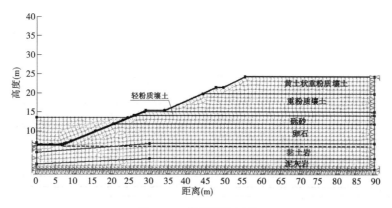

图 4-51　模型网格划分

三个方面的原因：

（1）岩土工程的特点决定了分析手段多为增量分析，在增量分析中，分析域内的应力总是由应力增量加上初始应力而得的，即初始地应力从一开始就影响了分析过程。

（2）岩土材料的刚度和应力状态有关。

（3）在开挖分析中，开挖导致的荷载是通过开挖之前的应力计算的，为了计算开挖荷载，必须首先知道初始应力状态。

施加初始应力场，始终要满足下面两个条件：

（1）平衡条件。指的是由应力场形成的等效节点荷载要和外荷载相平衡，如果平衡条件得不到满足，将不能得到一个位移为零的初始状态，此时所对应的应力场也不再是所施加的初始应力场。

（2）屈服条件。若通过直接定义高斯点上的应力状态的方式来施加初始应力场，常常会出现某些高斯点的应力位于屈服面之外的情况。超出屈服面的应力虽然会在以后的计算步骤中通过应力转移而调整过来，但这毕竟是不合理的。当大面积的高斯点上的应力超出屈服面之后，应力转移要通过大量的迭代才能完成，而且有可能出现解不收敛的情况。

基于以上两个条件，采用下面的方法来施加初始应力场。如果自重应力场就是初始应力场，直接将重力荷载施加于有限元模型，并施加相应的边界约束，计算得到在重力荷载下的应力场。再将得到的应力场和重力荷载一起施加于原始有限元模型，便可得到一个既满足平衡条件又不违背屈服准则的没有位移的初始应力场。计算出的初始地应力场如图 4-52 所示。

4.5.1.4　渗流与应力耦合作用分析方法

工程岩土体存在于应力场、渗流场等多场并存的复杂地质环境中，各场之间相互影响、相互作用，构成一种耦合关系。在大批工程建设中，由于岩土体应力场与渗流场发生改变，经常会引起一系列问题。

1.耦合原理

对于多孔介质来说，由上下游水位差形成的水压力并不是以一种外荷载的形式作用于坝体，而是通过透水介质以渗透体积力的形式作用于土体，因而其大小和分布规律将直接影响应力场。所以，渗流场是通过渗透力对应力场产生直接影响，而坝体外的水位差则

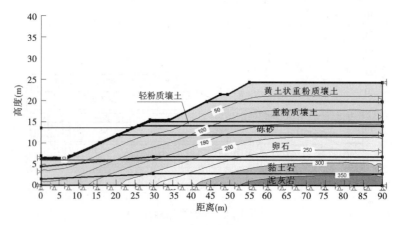

图 4-52　初始地应力场

是产生渗流的外在原因。根据土体的变形和渗透特性,当应力场在渗透力的作用下发生改变时,土体将产生相应的体积应变和孔隙比变化,从而使土体的渗透系数发生变化。因此,应力场是通过体积应变对渗流场间接产生影响,其大小与土的应力应变关系有关。所以,在土坝的实际运行中,渗透力的存在将改变原有的应力场,而应力场的变化又通过体积应变的改变而改变土体渗透系数,从而影响土体的渗流场。

2.耦合分析方法

本章的工作就是先利用 GeoStudio 软件中的 SIGMA/W 中的流固耦合模块计算水渠的浸润线及应力应变的变化,然后利用 SLOPE/W 具有可以引入 SIGMA/W 计算结果的功能,考虑耦合的情况下边坡的安全系数,以此来进行相应情况下边坡稳定性的评价。

4.5.2　计算工况

4.5.2.1　正常运行水位复合土工膜未老化

在不考虑土工膜老化的情况下,假定工程常年在温度 14.1 ℃、湿度 60% 的条件下运行一次性计算运行时间为 38.4 年,输入相应材料的参数,计算在正常运行水位情况下水渠的浸润线及复合土工膜的应力。水渠的浸润线结果如图 4-53 所示。

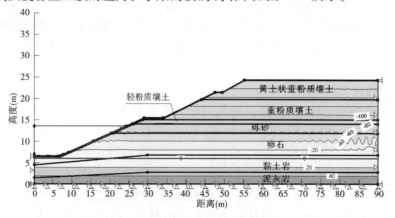

图 4-53　完整复合土工膜运行期浸润线分布

图 4-53 中值标为 0 的线条为浸润线,由此图可以看出铺设复合土工膜后浸润线的位置沿着土工膜的表面往下流,明显降低了浸润线,说明土工膜在防渗方面起到了明显的作用。复合土工膜的应力场分布如图 4-54 所示(压为正,拉为负)。

由图 4-54 可以看出,复合土工膜受到的拉力最大值约为 0.002 8 kN,根据寿命预测模型膜经过 38.4 年后复合土工膜的破坏拉力为 0.409 3 kN(初始强度的 50% = 16.37 kN/m×0.05 m×0.5),说明膜受到的拉力远小于破坏拉力,经过 38.4 年后复合土工膜能照常工作。

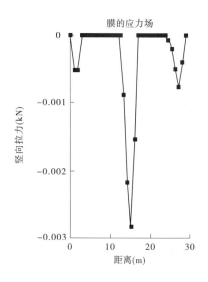

图 4-54　未老化复合土工膜运行
38.4 年后应力场分布

4.5.2.2　正常运行水位复合土工膜有施工缺陷

考虑施工过程中人为因素或其他外因导致复合土工膜在施工完后造成的缺陷,计算正常运行水位条件下,经过 38.4 年后水渠的浸润线及膜的应力应变情况,在复合土工膜的缺陷处加入其渗透系数,由完好无损情况下的 5.151×10^{-12} cm/s 变为 1.840×10^{-4} cm/s,复合土工膜缺陷的大小及位置按照相关文献中的经验来取,本模型中取渠底与渠坡的交接出的地方及渠坡靠近水位线的地方有缺陷来进行计算,其他形式材料的参数不变。计算出水渠的浸润线如图 4-55 所示。

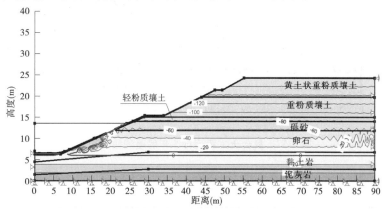

图 4-55　有施工缺陷复合土工膜运行 38.4 年后浸润线分布

从图 4-55 可以看出,渠道的浸润线变化不大,但是在复合土工膜破损的地方(渗透系数加大的地方),水流渗出量明显比膜完好无损时大,在渠底与渠坡相交的地方有漏洞时,有水流渗出。在渠坡有漏洞的地方,相应地也有水流渗出。复合土工膜的应力场分布如图 4-56 所示。

从图 4-56 可以看出,复合土工膜所受的拉力为 0.000 9 kN,根据寿命预测模型膜经过 38.4 年后复合土工膜的极限拉应力为 0.409 3 kN(初始强度的 50% = 16.37 kN/m×0.05 m× 0.5),复合土工膜所受拉力远小于其极限破坏拉应力,不考虑设计要求(复合土工膜强度设计值≥0.7 kN = 14 kN/m×0.05 m),复合土工膜还能继续使用若干年。

4.5.2.3　正常运行水位复合土工膜老化

对于复合土工膜在老化情况下的模拟,先计算经过 5 年之后渠道的浸润线及复合土工膜的拉力,然后计算边坡稳定性;之后在 5 年的基础上把复合土工膜的弹性模量由 25.394 MPa 加大到 36.849 MPa、渗透系数由 5.151×10^{-12} cm/s 加大到 1.471×10^{-11} cm/s,计算经 33.4 年后渠道的浸润线及复合土工膜的拉力,然后计算相应的边坡稳定系数。浸润线计算结果如图 4-57、图 4-58 所示,应力场分布如图 4-59、图 4-60 所示。

从图 4-59、图 4-60 可以看出,复合土工膜运行 5 年、38.4 年后所受拉力分别为 0.001 kN、0.003 8 kN,根据寿命预测模型经过 38.4 年后复合土工膜的极限拉应力为 0.409 3 kN(初始强度的 50% = 16.37 kN/m×0.05 m×0.5),复合土工膜所受拉力远

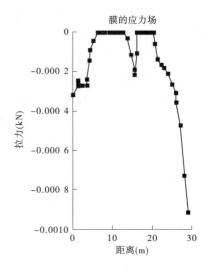

图 4-56　有施工缺陷复合土工膜运行 38.4 年后应力场分布

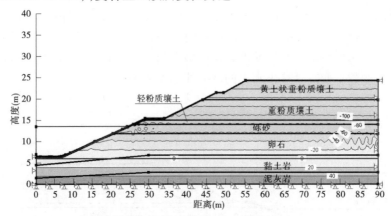

图 4-57　复合土工膜运行 5 年后浸润线分布

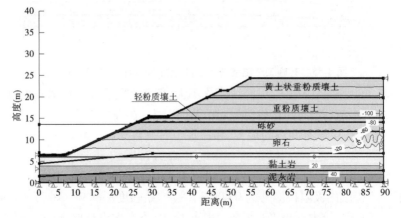

图 4-58　复合土工膜运行 38.4 年后浸润线分布

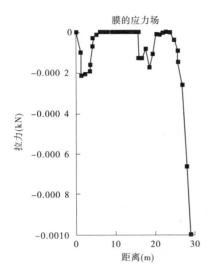

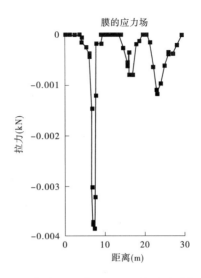

图 4-59　复合土工膜运行 5 年后应力场分布　　　图 4-60　复合土工膜运行 38.4 年后应力场分布

小于其极限破坏拉应力,不考虑设计要求(复合土工膜强度设计值 ≥ 0.7 kN = 14 kN/m × 0.05 m),膜还能继续使用若干年。

4.5.3　稳定性分析

4.5.3.1　正常运行水位复合土工膜未老化情况下稳定性分析

一种包含应力—应变关系的稳定分析方法是首先用有限元分析获得场地中的应力分布,然后在稳定分析中应用这些应力。这些想法在 SLOPE/W 中付诸实施,场地应力能够通过 SIGMA/W 计算,并且 SLOPE/W 可以用 SIGMA/W 软件计算出来的应力计算安全系数,计算结果如图 4-61 所示。

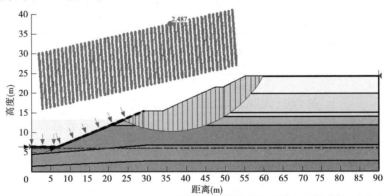

图 4-61　未老化复合土工膜运行 38.4 年后稳定性分析成果

计算出的渠道安全系数为 2.487,根据经验取值:一般土质边坡的稳定系数是 1~1.5,岩质边坡的稳定系数是 1~1.75,而本渠道为土质边坡,安全系数满足设计要求,渠道能够正常运行工作。

4.5.3.2　正常运行水位复合土工膜施工缺陷下稳定性分析

考虑复合土工膜有施工缺陷,工程运行 38.4 年后稳定性分析成果如图 4-62 所示。

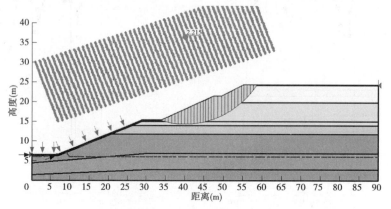

图 4-62　有施工缺陷复合土工膜运行 38.4 年后稳定性分析成果

由图 4-62 可知,渠道的安全系数为 2.215,相比于正常情况下没有施工缺陷的安全系数降低了不少,但是还是能保持边坡的稳定性,渠道还能够照常进行工作。

4.5.3.3　正常运行水位复合土工膜老化后稳定性分析

考虑复合土工膜老化,工程运行 5 年、38.4 年后稳定性分析成果如图 4-63、图 4-64 所示。

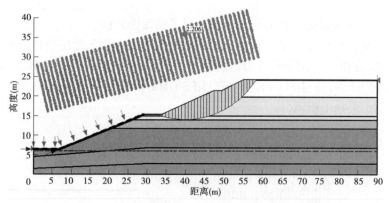

图 4-63　复合土工膜运行 5 年后稳定性分析成果

由图 4-63、图 4-64 可知,上述两种情况下的边坡安全稳定系数都在 2.2 左右,满足设计要求,渠道能够正常运行工作。

由上述结果可知,复合土工膜在经过几十年之后受到的拉力远小于本身的破坏应力,但其渗透系数基本保持不变,因此计算出的浸润线基本上变化不大,从而其边坡稳定安全系数没什么变化,满足规范中对安全系数的要求。由此可见,影响边坡稳定系数的因素不是强度,而是渗透系数,复合土工膜渗透系数变大之后,渠道的浸润线相应地提高,从而导致边坡的稳定性降低。

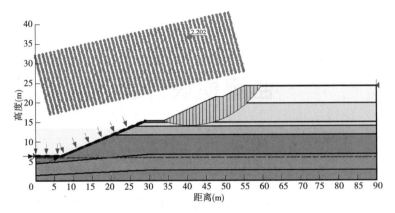

图 4-64　复合土工膜运行 38.4 年后稳定性分析成果

4.6　小　结

（1）老化试验成果表明,复合土工膜拉伸强度、伸长率、撕裂强力均随着老化时间的增加总体呈下降趋势;弹性模量随老化时间变化不太显著或稍有增加;渗透系数随老化时间增加基本无明显变化,保持在同一数量级,能满足工程防渗的要求。

（2）热老化、湿热老化试验成果表明,复合土工膜拉伸强度、伸长率与撕裂强力下降速率随试验温度、湿度变化较显著,在三种不同的试验条件下,下降速率也不同,表现为温度越高,湿度越大,下降速率越大,力学性能衰减越快;温度越低,湿度越小,下降速率越小,力学性能衰减较慢。

（3）热老化寿命预测模型在对试验数据回归分析的基础上,引入 Arrhenius 公式,使复合土工膜在不同的温度作用下的关系曲线拟合为同一类型曲线来表示,进而建立拉伸强度随温度变化的数学模型。在此基础上,以拉伸强度下降至初始性能的50%作为失效判据,对复合土工膜使用寿命进行预测,得出使用温度 14.1 ℃时,复合土工膜使用寿命为 36.0 年。

（4）湿热老化寿命预测模型在对试验数据回归分析的基础上,引入归一化因子老化速率,使复合土工膜在不同的温度、湿度作用下的关系曲线拟合为同一类型曲线来表示,进而建立拉伸强度随温度、湿度变化的数学模型。在此基础上,以拉伸强度下降至初始性能的50%作为失效判据,对复合土工膜使用寿命进行预测,得出使用温度 14.1 ℃、湿度为60%时复合土工膜的使用寿命为 38.4 年。

（5）对湿热老化试验条件下的寿命预测模型进行了实际工程验证,南水北调工程复合土工膜老化 347 d、398 d 的取样试验值与湿热老化寿命预测模型预测值误差分别为7.98%、5.50%;西霞院工程使用 5 年的复合土工膜纵向拉伸强度实测值与湿热老化寿命预测模型预测值误差为 8.19%,模型预测可靠度可满足工程要求,说明对于不同规格的复合土工膜,在环境条件相似情况下,该湿热老化寿命预测模型具有一定的参考价值。

（6）材料弹性模量、渗透系数是数值计算分析的关键参数,复合土工膜强度的降低或改变对工程稳定性计算结果无直接影响。虽然老化试验成果所取得的复合土工膜弹性模量、渗透系数变化不大,但数值计算结果表明,复合土工膜老化对工程安全有一定的影响,降低了工程的安全系数。

第 5 章　可移动式边坡工程安全监测模块开发

5.1　概　述

目前,水利工程的安全监测技术发展较快,在大坝工程监测方面已经较为成熟,逐步应用到各大工程中,但边坡工程的安全监测普及程度较低,多数处于试点阶段。其主要原因在于:堤防、岸坡等工程战线长、监测断面多、测点较为分散,且以上工程的安全监测缺乏指导性的规范、标准,若按照土石坝等相似工程的监测规范要求,在靠近监测仪器处布设数据采集系统,会面临两个问题:一是由于监测断面多,数据采集系统的需求量大,但单个断面测点数量少,使得监测系统布设成本高,设备利用率低;二是测点分散导致传感器与数据采集系统间的距离远近不一,长距离传输中监测信号容易衰减或受到干扰,同时线缆敷设、穿管保护等工作量较大,后期发生断线等故障时排查困难;此外,目前主流的数据采集设备还存在功耗大、传输方式单一等缺点。以上问题降低了监测仪器设备的实用价值,在一定程度上制约了监测系统在边坡工程中的推广应用。

对于国外,美国基美星(Geomation)公司的 2300 型分布式监测系统具有远程控制测量、通信及数据分析等功能,测量单元、网络监控站及传感器可以进行相互通信,并基于此推出了新型的 2380MCU(监测单元)。美国 DGSI(Durham Geo Slope Indicator)公司研制 Logger 监测数据系统(包含 Full – Size、Mens、Single 系列),实现了监测设备的模块化设计,按照传感器数量与信号类别设计了不同型号的采集模块,且可以自由扩展;加拿大 Roctest 公司开发的 Senslog1000x 安全监测数据自动采集系统,实现了数据采集模块对各类信号的兼容,并且可扩展到 255 个采集通道,满足大型工程的监测需求;美国基康公司近年来推出了微功耗小型数据采集仪,可最多连接 6 个传感器,具备远程无线传输功能,但仅兼容基康品牌的振弦式传感器,测量项目包括渗压、土压力与水位等。此外,分布式光纤传感技术也逐步应用于数据采集系统。

对于国内,目前比较先进的系统主要是大坝监测自动化系统,包括南京水利水文自动化研究所(南瑞集团)研发的 DAMS 型大坝安全监测自动化系统;西北勘察设计院推出的 LN 型大坝安全监测自动化系统等。近年来国内学者在大坝自动化监测方面取得了较多研究成果:重庆大学的廖海洋等基于嵌入式技术和 GPRS 无线网络技术,提出了一种新型多参数微小型水质监测系统,可以实现水体化学成分的实时监测和远程监测;南昌大学的陈伟慧等基于嵌入式技术研究了污水多参数监测系统,实现了污水 pH、化学需要量、排放量等参数的远距离监测;刘建林等利用 linux 系统与嵌入式技术,研究大坝安全监测系统数据集中器,优化了数据存储方式,提高了数据传输效率。与大坝监测自动化的研究相比,国内针对堤防监测系统的研究较少,黄河水利委员会于 2011 年与荷兰 AGT 公司在黄河下游防洪工程焦作温县段开展堤防工程险情预警预报系统的试点建设,该工程布设分布式光纤,用于观测长距离堤段的整体变形情况,并搭建了自动化数据采集系统;长江水利委员会周小文等在长江谌家矶地区堤防开展试验,建立了 DSEWS 监测系统,实现了渗透压力与变形数据的自动监测;黄河水利科学研究院岩土力学与工程研究团队基于水利部"948"项目,引进吸收美国 AGI 边坡监测系统并进行二次开发,研究了国产传感器的替代方案,实现了监测数据的自动采集、无线传输、多模式预警、人机自由交互等功能,在山东德州黄河放淤固堤工程、河南焦作黄河放淤固堤工程、长江堤防张家港段开展监测试验,结合试验经验对仪器设备进行了优化升级,在此基础上申请了 2 项发明专利。国内外众多学者和黄河水利科学研究院在监测数据采集系统方面取得了丰富的研究成果,但在针对具备战线长、断面多、测点分散特点的调水工程的安全监测中,现有主流产品存在系统造价高、设备安装复杂、设备管理困难等问题,使得调水工程的安全监测普及程度较低。

5.2　模块需求分析

调水工程周边基础设施较为薄弱,交通不便利,自然环境艰苦,监测设备一般应满足以下几方面基本需求:

(1)适应环境条件,具备较强的抗腐蚀能力,受温度、冻融、风、水、雷电、振动等作用影响小。

(2)保持仪器和传输线路的长期稳定性与可靠性,故障少,便于维护和更换。

(3)具备监测数据采集自动化和实时监测功能。

(4)具备自检、自校功能,确保长期稳定。

可移动式边坡工程安全监测模块在已有专利技术"集散式多物理场工程安全动态监测预警系统"的基础上,针对调水工程应用中出现的实际问题进行优化设计,现场监测中监测模块起到承上启下和功能补充的作用,它既能够作为单独的数据采集器独立工作,将监测信号转换为数字信号并发送至上位机软件;也可以作为大型数据集中采集系统的子模块。它重点解决现有技术中存在的四方面问题。

5.2.1　布线过长导致的施工不便与信号衰减

由于调水工程的战线长、断面多以及测点分散的特点,传感器与数据采集系统间传输距离长短不一,最长可达数百米,测点较多时线路杂乱,施工不便,同时建设成本较高;此外,以电信号为主的监测信号在长距离的传输中衰减严重,造成监测数据失真。目前主要解决办法是采用无线传感器或加密布设监测数据采集系统,无线传感器的市场价格高,而加密布设监测数据采集系统会极大地提高建设成本,设备的利用率也较低,同时由于各数据采集系统工作时相对独立,不利于进行整个工程的监测数据统一分析。因此,就近设置小型的监测数据汇集装置,将监测信号转换为数字信号进行传输,是解决以上问题的途径之一。

5.2.2　现场管理与操作

单个工程的数据采集系统需要汇总所有传感器的监测数据,一般具备通道多、功能全、配置丰富的特点,但同样存在体积大、较笨重的缺点。同时,多数据采集系统仅配备简单的操作界面,部分甚至需要通过连接计算机进行设置,使得工作人员在进行参数设置、工作状态查询及设备维护时较为不便。因此,设计体积小、质量轻的采集系统硬件,配置功能丰富的操作界面是解决以上问题的途径之一。

5.2.3　数据传输

目前,很多工程采用 RS485、以太网作为数据传输的通信线,由于监测仪器及采集模块在工程建设时已埋设或安装好,因此无法采用新型的通信线路。另外,部分工程周边的通信条件较差,因此设计具备有线/无线双传输模式的数据采集仪器是解决以上问题的主要方式。

5.2.4　供电与节能

监测工程所处的现场环境与条件差异性较大,部分工程存在市电供给困难的问题。此外,市电在为监测设备供电时,偶发性的停电或供电线路损坏极为常见,受限于设备尺寸,目前备用电源主要采用小型铅蓄电池或锂电池,设备的续航时间较短。因此,设计供电模式灵活、能耗低、续航时间长的数据采集系统是解决以上问题的途径之一。

5.3　模块总体结构设计

5.3.1　可移动式边坡工程安全监测模块结构组成

在工程安全监测系统中,可移动式边坡工程安全监测模块既可以作为独立的数据采集器进行数据的采集、处理与上传,又可以作为承上启下的数据采集模块配合数据采集系统进行工作,所获取的监测数据上传至上位机(数据后处理软件)进行数据的计算、资料的整理以及预警预报等工作。因此,由可移动式边坡工程安全监测模块组成的监测系统包括系统硬件和系统软件两个部分。

(1)系统的硬件由可移动式边坡工程安全监测模块和数据采集系统组成。其中,可分离式数据采集模块主要包括监测信号采集电路、嵌入式 CPU、人机交互界面、信息输入端口、电源接口、外接端口(GPRS、太阳能)等。数据采集模块与传感器相连接,利用人机交互界面控制软件进行系统参数设置,并控制数据采集模块进行监测数据采集。当可移动式边坡工程安全监测模块独立工作时,将采集到的监测数据通过以太网直接发送至上位机软件;当可移动式边坡工程安全监测模块作为数据采集系统的子模块时,将采集到的监测数据通过 GPRS/485 总线发送至数据采集系统,通过数据采集系统汇总后发送至上位机软件。

(2)系统的软件分为两个部分,包括人机交互界面控制程序与数据后处理软件。其中,人机交互硬件采用威纶通公司的 Easy View 触摸屏,利用其自带的组态软件进行开发;数据后处理软件采用可视化程序设计语言和 SQL 数据库,采用模块化的设计理念进行开发。软件包括数据采集模块、数据远程传输模块、数据后处理模块、预测预警模块以及软件接口模块等。系统后处理软件向现场数据采集仪发送数据请求指令,将监测到的电压、电流、Pt1000 以及频率等信号转换为对应的物理量(如位移、渗透压力、土压力等),并将以上物理量进行计算处理,形成数据实时、历史曲线。如有监测数据超过其相应的警戒值,系统会发出警报,并将警报信息通过短信的方式发送给管理人员。

此外,系统软件考虑不同系统的兼容性,设计了软件接口,其他形式设备或系统可通过软件接口共享数据库中的监测数据。

5.3.2　可移动式边坡工程安全监测模块功能指标及技术特点

可移动式边坡工程安全监测模块与数据后处理软件组成的监测系统具备以下功能和特征。

5.3.2.1　功能要求

(1)处理来自于上位机(数据后处理软件)的数据请求。

(2)兼容主流监测信号的各类型传感器,数据采集模块各采集端子具备多种接线方式。

(3)监测数据能自动采集与存储。

(4)传感器配置参数(接线方式、采集速率、采集通道等)通过人机交互界面的触屏按键进行设置。

(5)传感器配置参数、监测数据可向上位机软件上传。

(6)监测站点信息(站点 IP 地址、监测断面位置信息、测点位置信息、传感器计算公式等)通过上位机软件设置。

(7)具备多种工作方式自动切换功能(模块的休眠、工作、散热全自动化)。

(8)具备线路故障的报警功能。

(9)具备监测数据的查询、图表绘制以及超限报警功能。

(10)具备防雷的功能。

5.3.2.2　性能要求

(1)操作系统:Windows XP/7/8。

(2)处理器:ARM 190 MHz。

(3)相关协议:TCP/IP、DNS、SSL。

(4)通道数量:15。

(5)供电模式:市电/太阳能。

(6)传输模式:GPRS/RS485。

(7)结构尺寸:35 cm×20 cm×20 cm。

(8)数据存储:大于 8 GB。

(9)网络接口:支持 10/100 M 自适应、AutoCross 以太网接口。

(10)外设接口:RS485、CAN。

5.3.2.3　技术特点

本书所研制可移动式边坡工程安全监测模块及其后处理软件具备以下特点：

（1）成本低廉，适合推广。可移动式边坡工程安全监测模块可作为独立的数据采集器进行工作，又可以作为承上启下的数据采集模块配合数据采集系统进行工作，因此模块分为两种版本：完全版和简配版，简配部分主要是人机交互界面；两种版本的成本分别为1.3万元和1.8万元，价格便宜，适合应用于断面数量较多的边坡工程。

（2）通信与供电方式灵活，节能环保，适合恶劣的工程环境。针对边坡工程的特点，设计了 RS485 总线、以太网及 GPRS 三种数据传输模式，兼容了市电与太阳能两种供电模式，并配备了备用电池，满足不同的通信及供电条件。此外，设计了多种工作模式，降低了系统功耗，断电情况下续航时间更长，基于以上设计，设备的环境适应性更好。

（3）软件功能丰富。针对边坡工程安全监测的需求，分别设计了人机交互界面控制程序与数据后处理软件。通过尺寸大、清晰度高的触摸屏，操作人员可在现场进行设备参数的录入与调整、监测数据与工作状态的查询；数据后处理软件按照基于各项功能设计了专门的功能模块和操作界面，软件界面简洁、功能丰富。

（4）尺寸小，质量轻，便于安装。可移动式边坡工程安全监测模块的尺寸为 35 cm × 20 cm × 20 cm，质量约为 3.5 kg，配置 5 个采集端子，最多连接 15 支传感器，在同规模产品中尺寸具备优势。较小的体积和质量使其在现场安装中较为便捷，同时隐蔽性较好，降低了人为破坏的风险。

5.4　模块研发

5.4.1　系统工作原理与组成结构

本书所研究的可移动式边坡工程安全监测模块在现场监测中起到承上启下和功能补充的作用，它既能作为独立工作的数据采集器，将模拟信号转换为数字信号并传输至上位机软件；也可以作为数据集中采集系统的子模块。为实现以上功能，可移动式边坡工程安全监测模块的工作原理如图 5-1 所示。

可移动式边坡工程安全监测模块由嵌入式 CPU、人机交互界面、信号采集端子、电源管理、外设接口（USB 接口、RJ 网络接口）以及通信端口（RS485 总线/GPRS）以及信息输出端口等部分组成，具体如下：

（1）嵌入式 CPU：是整个硬件系统的核心，可进行逻辑运算和控制 I/O，支持各种通信接口以及扩展功能模块。

（2）人机交互界面：功能包括相关信息的显示、参数的录入与修改等。界面主要由液晶屏、触摸式按键等组成。

（3）信号采集端子：功能为连接传感器，进行数据采集。信号采集端子由光电隔离器、ADC、振弦信号或其他脉冲信号放大整形电路、振弦信号或其他脉冲信号选择器、传感器输入的多路通道和相应的继电器输入多路开关等部分组成。

（4）电源管理：功能是为 CPU 系统、内部元器件以及外设（传感器等）提供稳定的直

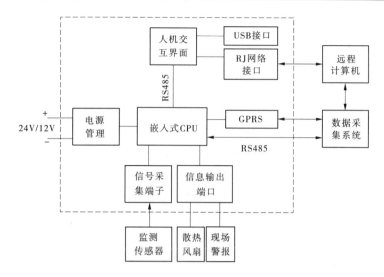

图 5-1　可移动式边坡工程安全监测模块工作原理

流电源。其中包括外供 24 V/12 V 电源、4 V 与 5 V 的内部激励电源两个部分。

（5）外设接口：系统提供两种外设接口，包括 RJ 网络接口和 USB 接口，分别用于网络设备连接和存储设备连接。

（6）通信端口：用于监测数据的传输，RS485 总线和 GPRS 均为采用 RS485 接口。

（7）信息输出端口：用于散热风扇的系统和现场警报设备的控制。

由图 5-1 可知，嵌入式 CPU 是系统的硬件控制的核心，通过数据采集端子进行监测数据的采集：

（1）当可移动式边坡工程安全监测模块作为数据采集系统的子模块时，人机交互界面可以简配，或者仅保留参数设置和数据存储的功能，数据采集系统全面负责系统参数的设置、监测数据的采集、传输与存储等，数据采集系统与可移动式边坡工程安全监测模块之间采用 RS485 总线/GPRS 的方式进行数据传输。

（2）当可移动式边坡工程安全监测模块独立工作时，通过 GPRS 或者以太网，发送监测数据至上位机软件。

5.4.2　系统电路设计

5.4.2.1　信号采集电路设计

信号采集是可移动式边坡工程安全监测模块的核心功能，根据模块的需求设计，信号采集电路的设计要求为：

（1）最多连接 15 个传感器。

（2）兼容主流监测信号的各类型传感器，数据采集模块各采集端子具备多种接线方式。

（3）具备防雷的功能。基于以上设计要求，信号采集电路如图 5-2 所示。

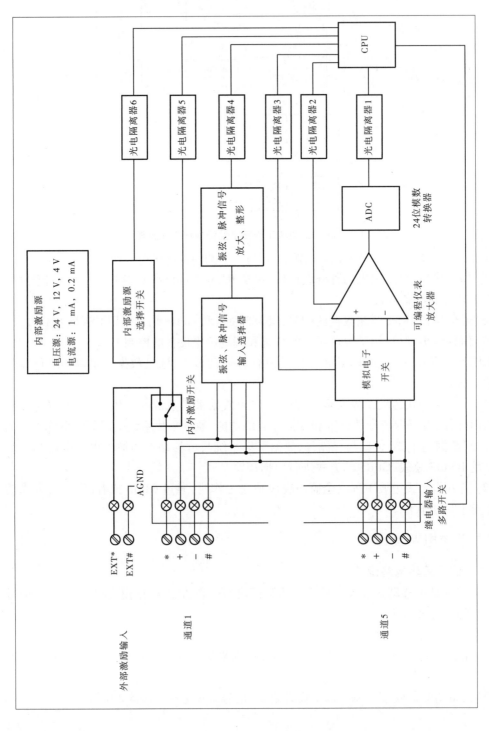

图 5-2 信号采集电路

1. 接线方式

通过图 5-2 可知,信号采集电路共设有 5 个采集通道,每个采集通道包含 4 个节点,根据不同类型传感器的信号/供电方式,信号采集电路设计了多种接线方式。以下展示部分主流信号类型的接线方式(图中仅说明信号线的接线,各类传感器实现正常工作所需的激励电源由供电电路提供)。

电流信号的接线方式如图 5-3 所示,4 个节点中#号接点可共用,电流信号的正负极具备 4 种接线方式。

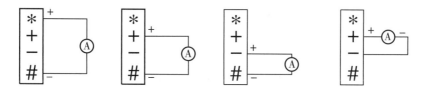

图 5-3　电流信号接线方式

电压信号的接线方式如图 5-4 所示,4 个节中#号接点可共用,电压信号的正负极具备 4 种接线方式。

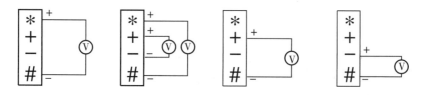

图 5-4　电压信号接线方式

频率信号的接线方式如图 5-5 所示,4 个节中#号节点可共用,频率信号具备 4 种接线方式。

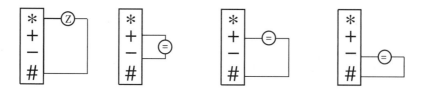

图 5-5　频率信号接线方式

电阻信号的接线方式如图 5-6 所示,4 个节点中#号节点可共用,电阻信号的正负极具备 3 种接线方式。

脉冲信号:信号线正负极直接连接单独设置的 DI + 、DI – 两个接口。

2. 工作原理

信号采集电路的工作过程为:当某一通道的传感器被采集时,CPU 对继电器输入多路开关发出控制信号,使该通道的传感器通过继电器输入多路开关切换接入,而其他形式通道断开;CPU 根据被测通道的信号类型发出相应的控制信号,经过光电隔离器 6 的耦合传输,通过内部激励源选择开关和内外激励选择启动或关闭相应的内部或外部激励源,内

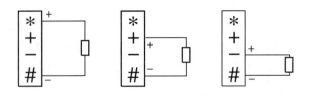

图 5-6　电阻信号接线方式

部或外部激励源施加到传感器上后,传感器输出电信号响应,传感器的电信号输出包括类型Ⅰ和类型Ⅱ,类型Ⅰ为模拟电压或电流信号,类型Ⅱ为脉冲信号及其他类型的信号。

信号类型Ⅰ的处理过程为:CPU发出控制信号通过光电隔离器3的耦合传输,切换模拟电子开关产生与传感器对应的输出,模拟电子开关的输出信号进入可编程仪表放大器;CPU发出控制信号经光电隔离器2的耦合传输去控制可编程仪表放大器的信号增益,使可编程仪表放大器的输出信号与ADC的测量范围匹配;然后CPU发出控制信号经光电隔离器1的耦合传输去控制ADC的采样,ADC采样完成后CPU通过光电隔离器1去读取ADC的采样结果,并对采样结果进行数字滤波,根据传感器的特性进行量程变换并完成数据存储。

信号类型Ⅱ的处理过程为:CPU发出控制信号通过光电隔离器5的耦合传输,控制振弦信号、脉冲信号或其他信号的选择器的切换,传感器的输出信号进入振弦信号或其他脉冲信号放大、整形电路模块,整形后的信号经光电隔离器4的传输进入CPU,CPU对该信号进行计数以计算振弦传感器其他类型传感器的输出频率,然后对该计算值进行存储。

3.信号采集电路的优点

1)抗干扰

当某一输入通道的传感器被采集时,数据采集器的CPU对继电器输入多路开关发出控制信号,使该通道的传感器通过继电器输入多路开关切换接入数据采集器,而剩余4个通道的所有输入被断开,因此以上通道与被采集的信号通道完全隔离,可有效地克服其他通道连接传感器带来的噪声。

2)精度高

当信号输入时,通过模拟电子开关将被选择通道的传感器输出的模拟信号切换至仪表放大器进行放大处理;多路模拟电子开关的输出信号进入可编程仪表放大器,然后CPU发出控制信号经图5-2中光电隔离器2的耦合传输去控制可编程仪表放大器的信号增益,使可编程仪表放大器的输出信号与后续ADC的测量范围匹配,最大限度地利用ADC的测量分辨率,从而提高测量精度。

3)防雷效果好

信号采集电路的任一采集通道均通过光电隔离器完全隔离,同时在光电隔离器处设置防雷管,使得任意一路采集通道均具备独立的防雷功能,当一路通道被击穿时,其他通道及设备不受影响。

5.4.2.2　供电电路设计

供电电路是整个系统正常工作的基础,可移动式边坡工程安全监测模块的供电系统分为 2 个部分:一是外部供电电源,用于整个系统工作的供电;二是内部激励电源,匹配传感器和部分原件的工作电压。供电电路的设计如图 5-7 所示。

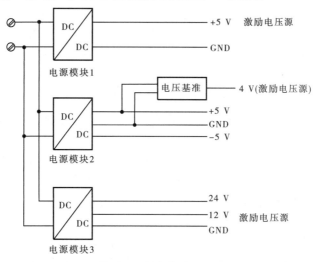

图 5-7　供电电路的设计

通过图 5-7 可知,系统采用的是 DC 24 V 作为输入直流电源,用于给整个设备供电;通过附加电路,提供 24 V、12 V、5 V、4 V 四种直流电压,其中 24 V 和 12 V 是作为传感器的激励电压源,5 V 和 4 V 是部分元器件的工作电压。

根据供电电路的设计,可移动式边坡工程安全监测模块设有两个供电连接端子,供电连接端子如图 5-8 所示。其中标有 Power 的供电端子是连接外部供电的端子,可用于连接市电(外部电源通过电源模块将 220 V 转换成 24 V)、太阳能供电设施以及蓄电池;标有 OutPut 的供电端子用于电源输出,输出 24 V 和 12 V 直流电,内部元器件所需的激励工作电压通过供电电路直接转换。

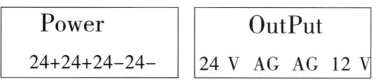

图 5-8　供电连接端子

5.4.2.3　通信接口设计

根据图 5-1 可知,可移动式边坡工程安全监测模块的数据通信的方式包括 RS485 总线、GPRS 以及以太网传输,以下介绍各种传输方式的工作原理及模块中的应用情况。

1. RS485 总线传输

RS485 总线是一种比较常见的串行接口总线,它具有以下优点:

(1)RS485 的数据最高传输速率为 10 Mbps。

(2)RS485 的接口由运用平衡的驱动器和差分接收器组成,能够抑制共模干扰,大幅度降低噪声。

（3）RS485 的最大通信距离超过 1 200 m，最多支持接入 32 个节点，各节点之间连接简易，组网灵活，可多点构成网络，实现多点通信。

（4）通用性 RS485 标准只对接口的电气特性做出了规定，不涉及接插件电缆协议，在此基础上用户可以建立自己的高层通信协议，自由程度高，保密性好。

当可移动式边坡工程安全监测模块作为数据采集系统的子模块时，模块与数据采集系统之间采用 RS485 总线连接，数据采集系统向模块发送相关系统参数及指令，模块接到指令后向数据采集系统发送检测数据。同时，RS485 总线传输技术具备组网灵活的特点，数据采集系统下的多个子模块可通过 RS485 总线组建多点通信的网络，实现 1 台数据采集系统管理多台子模块的工作模式。

当可移动式边坡工程安全监测模块独立工作时，嵌入式 CPU 与人机交互界面间采用 RS485 总线连接，通过人机交互界面设置相关参数并将指令发送给嵌入式 CPU，嵌入式 CPU 将采集到的监测数据发送至人机交互界面，并经此发送至上位机软件。

2. GPRS 传输

GPRS 是 General Packet Radio Service 的简称，是在第二代通信技术 GSM 的基础上发展起来的一种移动数据技术，提供端到端的、广域的无线 IP 连接。GPRS 通信技术具有以下特点：

（1）可充分利用现有 GSM 网络，布设成本低廉。

（2）GPRS 数据传输速度可达到 57.6 kbps，最高可达到 115 ~ 170 kbps，传输速度满足一般工作需求。

（3）接入时间短，GPRS 接入等待时间短，可快速建立连接，平均反馈时间为 2 s。

（4）按流量计费，GPRS 用户只在发送或接收数据期间才占用资源，用户可一直在线，按照用户接收和发送数据包的数量来收取费用。

当可移动式边坡工程安全监测模块独立工作时，模块与上位机（数据后处理软件）需要保持实时通信，一般采用有线网络（以太网）和无线网络两种方式连接。边坡工程多数位于较为偏远的地区，多数不具备有线网络连通的条件，需采用无线网络的方式进行通信，无线网络的通信包括 GPRS、无线网桥以及无线电等，其中 GPRS 具备架设方便、不受通信管制、费用低廉、稳定性好等优点。

可移动式边坡工程安全监测模块选配的是成都众山科技有限公司的 GDS311D 网络数传电台，实物见图 5-9，数传电台详细参数见表 5-1。

3. 以太网传输

以太网（Ethernet）指的是由 Xerox 公司创建并由 Xerox、Intel 和 DEC 公司联合开发的基带局域网规范，是现有局域网最通用的通信协议标准。以太网络使用 CSMA/CD（载波监听多路访问及冲突检测）技术，可在同轴电缆、双绞线以及光纤等多种连接介质上以 10 M/s 的速度运行。其中，双绞线多用于从主机到集线器或交换机的连接，而光纤主要用于交换机间的级联和交换机到路由器间的点到点链路上。

可移动式边坡工程安全监测模块采用典型的 RJ45 网络接口，俗称"水晶头"，属于双绞线以太网接口类型。该类型的接口在 10 Base – T 以太网、100 Base – TX 以太网、1000 Base – TX 以太网中都可以使用。

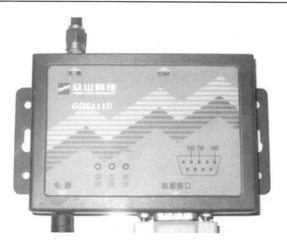

图 5-9　GDS311D 网络数传电台

表 5-1　GDS311D 网络数传电台性能指标

特征	描述
电源供电	标准电压:12 V DC/500 mA,电压范围:7~35 V DC
电源功耗	12 V DC 供电时: 收发数据时工作电流:15~24 mA 空闲待机时工作电流:20~40 mA
频段	双频 EGSM900/1 800 M,兼容 GSM pHase 2/2 +
GPRS 连接	GPRSClassB 编码方案:CSl~CS4 数据下行速率:max. 85.6 kbps 数据上行速率:max. 21.4 kbps
短消息	支持 MT,MD,CB,文本及 PDU 模式
SIM 卡	接口支持 SlM 卡:3 V
天线接口	50 Ω SAM 天线连接头
串行数据接口	RS232 或 RS485 电平:串口速率:1 200~115 200 bps; 流控:无;数据位:8;奇偶校验:无;停止位:1 位
温度范围	工作环境温度 − 30~ + 65 ℃ 储存温度 − 40~ + 85 ℃
湿度范围	相对湿度95%(无凝结)
物理特性	尺寸:长 90 mm、宽 63 mm、高 24 mm 质量:210 g

5.4.2.4　信息输出端口设计

信息输出端口的功能包括两个方面:一是监控设备内部温度,控制风扇运行;二是将警报信息通过外接设备(喇叭等)输出。信息输出端口的工作电路如图 5-10 所示。

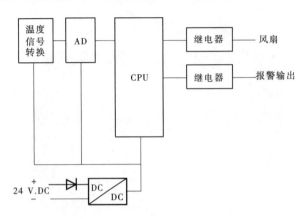

图 5-10　信息输出端口的工作电路

5.4.3　人机交互界面设计

人机交互系统简称 HMI(Human Machine Interface),其主要作用是计算机通过显示或者是其他输出设备将大量的数据反馈给用户,反馈形式一般为数字、图表、影像以及其他形式,让操作者对系统的状态有一个直观、清晰的认识。可移动式边坡工程安全监测模块在工作时,需进行系统参数的设置和调整、监测数据的查询、系统工作状态的查询等操作,设计简洁实用的人机交互界面是尤为必要的。

5.4.3.1　硬件选型

人机交互界面一般包括人机界面硬件及控制程序两个部分。人机界面硬件采用 cMT3072 型 Easy View 触控屏,触控屏的各项参数信息见表 5-2,产品实物见图 5-11。

表 5-2　cMT3072 型触控屏参数信息

	显示屏	7″ IPS
显示	分辨率	1 024 ×600
	背光寿命	>25 000 h
触控面板	类型	四线电阻式
	触控精度	动作区长度(X) ±2% ;宽度(Y) ±2%
存储器	闪存(flash)	4 GB
	内存(RAM)	1 GB
处理器		32 bits RISC Cortex – A9 1 GHz
	USB Host	USB 2.0 ×1
I/O 接口	以太网接口	LAN 1:10/100/1000 Base – T ×1
	串行接口	Con. A: COM2 RS485 2W/4W,COM3 RS485 Con. B:COM1/COM3 RS232

续表 5-2

电源	输入电源	10.5 ~ 28 V DC
	功耗	2A@ 12 V DC;1A@ 24 V DC
规格	外壳材质	工程塑料
	外形尺寸	200.3 mm × 146.3 mm × 35.0 mm
操作环境	防护等级	Type 4X/IP65
	操作环境温度	0 ~ 50 ℃
软件		EasyBuilder Pro V6.00.01 或更新版本

5.4.3.2　控制程序开发

人机交互界面的控制程序利用威纶通公司提供 EasyBuilder Pro 组态软件进行开发。控制程序的开发主要包括以下几项内容。

1. 登录界面设计

在进行监测设备现场操作时,系统的安全管理是极为重要的。因此,对可移动式边坡工程安全监测人机交互界面控制程序设置密码登录,登录界面如图 5-12 所示。

图 5-11　cMT3072 型触控屏

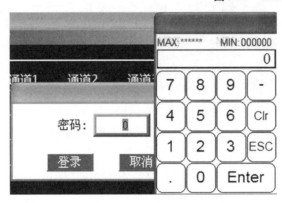

图 5-12　登录界面

2. 参数设置与修改界面设计

参数设置与修改是人机交互界面的重要功能之一,通过参数设置与修改界面,可实现以下功能:

(1)传感器连接相关信息的设置与修改:传感器所属通道、信号类型、接线方式等。

(2)系统工作参设设置:通信地址(模块对应的 IP 地址编号)、数据存储间隔、背光时间、采样周期等。

(3)传感器配置信息设置:刷新、下传、配置清空及一键还原等。

参数设置与修改界面如图 5-13 所示。

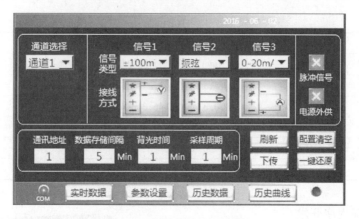

图 5-13　参数设置与修改界面

3. 实时数据显示界面设计

在开展现场监测工作时,监测初值的获取是必要的工作步骤。此外,对原始监测数据（未经换算的初始数据）的准确性、完整性的检查也是尤为必要的,因此设计监测数据实时显示界面。人机交互界面实时监测数据显示界面如图 5-14 所示。

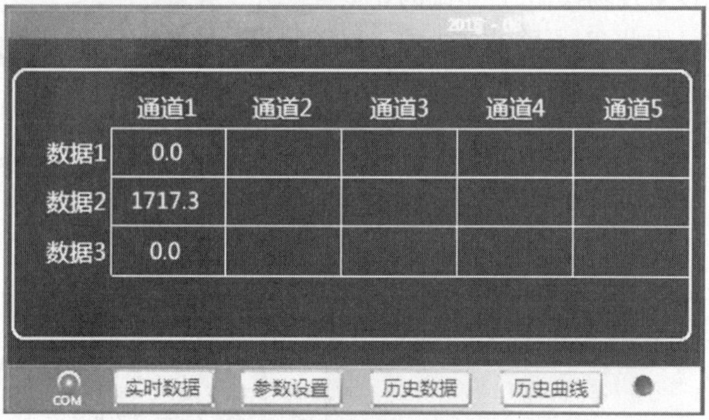

	通道1	通道2	通道3	通道4	通道5
数据1	0.0				
数据2	1717.3				
数据3	0.0				

图 5-14　人机交互界面实时监测数据显示界面

4. 历史数据/历史曲线查询界面

人机交互界面提供历史监测数据及曲线的查询功能,通过调取 U 盘内保存的监测数据,可以查询选取时间内的历史监测数据以及数据随时间变化的曲线,因此设计历史数据/历史曲线查询界面。历史数据、历史曲线查询界面分别如图 5-15、图 5-16 所示。

此外,在人机交互界面的功能界面的下方,设有 COM 接口(RS485)和 USB 接口连接状态的状态灯,便于检查人机交互界面与嵌入式 CPU 和 U 盘的通信状态。

5. 多模态工作方式设计

边坡工程一般所处位置较为偏远,部分地区尚未通电,即使在电力设施齐全的工程区域,停电也时有发生。同时,受限于可移动式边坡工程安全监测模块的尺寸要求,蓄电池的容量有限,尽可能降低设备的能耗是监测设备的研究重点。

可移动式边坡工程安全监测模块在工作过程中,耗电主要集中于两个方面:一是数据采集的过程耗电,包括对传感器的电激励和巡测耗电;二是系统本身的耗电,包括元器件、

图 5-15　历史数据查询界面

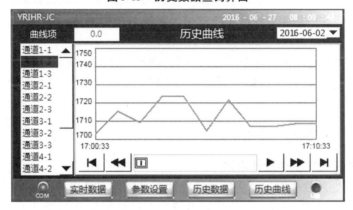

图 5-16　历史曲线查询界面

人机交互界面以及外接设备的能耗等。前者是监测过程中的必要步骤,同时耗电量较小;后者是主要的耗电部分,通过设计三种工作模式,有效降低后者的耗电量,三种工作模式包括时间触发、休眠模式及事件触发。

1) 时间触发

时间触发是指当达到系统设定的采用时间后,嵌入式 CPU 发送采集指令后立即对传感器信号进行高速采样,采集后人机交互界面控制程序完成监测数据的存储、显示以及传输。

2) 休眠模式

当完成以上工作时,系统进入休眠模式,有效降低能耗。

3) 事件触发

当发生特定事件时,如管理人员进行设备操作、上位机反馈超限监测数据等情况,可移动式边坡工程安全监测模块立即从休眠状态进入工作状态,控制程序启动液晶显示屏、警报、风扇等。

5.5 数据后处理软件研发

5.5.1 数据后处理软件需求分析

针对边坡工程自身特点,结合相关水利工程监测预警项目的经验,数据后处理软件的功能一般应包括以下几项:

(1)监测数据采集功能。实现水位、位移、渗透压力、土压力等监测数据的采集。

(2)历史数据和历史曲线功能。数据库内保存监测数据,可查询历史数据和历史曲线,了解监测指标的变化趋势。

(3)数据备份功能。能够实现历史数据可自动/手动备份,保证数据的完整性。

(4)数据远程通信功能。能够实现数据采集模块与监测中心的管理主机之间的数据传输,将监测数据通过一定的方式和手段传送到管理端。

(5)实时预警功能。测值超限后进行预警,满足实际工程需要。

(6)系统的安全、稳定性功能。系统本身达到安全稳定运行的工作状态,实现持久稳定的数据采集、传输和预报功能。

5.5.2 数据后处理软件总体设计

5.5.2.1 数据后处理软件设计原则

监测数据后处理软件的设计应注意系统的当前需求和中远期目标相结合,充分考虑到边坡监测数据后处理系统的扩展,使得系统具有可扩展性。在设计中尽量采用面向对象的设计技术,以保证系统的灵活性,并使系统的功能模块可以进行方便的组合搭配,还需要注意先进性和实用性相结合,具体如下:

(1)先进性原则。软件应采用先进的计算机软件及高效数据处理技术开发,确保系统的先进性。

(2)标准化和规范化原则。一方面,在开发系统所采用的技术方法方面,要采用有关技术规范推荐的方法;另一方面,在系统应用开发中,数据规范、接口标准都应该遵循国家、水利部及国际规范要求。

(3)实用性原则。一对多网络结构:由一台上位机(中控机)管理最多64个监测站点,对各站点的访问采用轮询方式,确保数据通信的可靠和安全。系统最大程度地满足边坡工程监测数据管理的需求,真正实现边坡工程监测数据管理的科学化。系统要具有优化的系统结构和完善的数据库系统,与其他形式系统数据共享和协同工作的能力。

(4)可扩展性和开放性原则。系统在规划设计时必需充分考虑未来扩充的需求,对数据和系统均应设计对扩充需求的方案。开放式数据库:采用通用的 SQL 2000 数据库,支持大型数据库 SQL 语言;其他后处理软件如 Matlab、FLAC 或 GeoStudio 等可以通过 ODBC 来获取原始数据,并实现数据动态共享。支持软件调用:具有系统软件与其他软件的接口,支持调用 Matlab、FLAC、GeoStudio、AutoCAD、Office 等其他软件,从而提高系统软件的功能。

（5）系统可靠性与容错性。系统应具有很强的容错能力和处理突发事件的能力，不会因某些突发事件而导致数据丢失和系统瘫痪。系统运行稳定，数据提供准确迅速、界面友好、操作方便、功能完善。由于传感器节点需进行长期监测，一些节点可能由于物理损伤或外部环境干扰而出现故障或连接中断，系统的监测任务不会因此而受到影响。

（6）系统信号处理。系统通过实时信号处理技术来完成环境状态特征和异常事件报告的任务。

（7）能源管理和有效利用。由于监测站没有传输线路与中心控制器连接，虽然监测站能从周围的环境中采集能量，但在系统设计时必须考虑监测站的能耗与通信要求，需对能源进行智能管理与高效利用，从而保证网络的实用性。

（8）能源与延时的均衡。系统设计时既要考虑能源的有效利用，同时要兼顾传输延时指标。当监测站进行周期性数据采集时，系统对于数据的传输延时没有要求，此时能源有效利用为主要考虑因素；当监测站探测到监测区域有异常事件发生时，系统需及时将信息传送给观察者，此时传输延时是系统的主要考虑因素。

（9）数据安全。只有获得授权的操作人员，才可以进行相应操作，保证系统及数据的安全。

（10）系统低成本。由于系统是由监测站采集器及大量的传感器节点构成的，单个节点的制造成本决定了整个监测系统的造价，因此需尽量降低单个监测站采集器及传感器节点的成本。

5.5.2.2　开发平台选取

1. 操作系统

操作系统是最重要的计算机系统软件之一。操作系统是对计算机系统自身的硬件和软件资源进行全面控制和管理的程序，使计算机在其总指挥下能够正常运行，所有安装在计算机上的其他软件都依靠操作系统的指令来完成工作。操作系统是用户和计算机的接口，也就是应用软件开发的平台。选择开发平台应充分考虑平台的实用性、简易性、可维护性、可扩张性以及对网络的适用性及计算机未来的发展方向。目前，Windows 系统由于用户界面友好、易于操作等特点备受用户的欢迎。因而，基于 Windows 的应用软件也成为当今开发商和用户的首选。从发展的方向来看，Windows 7 已成为了主要的微机平台，且其相关技术已经很成熟，所以在本系统的开发中考虑到技术的先进性和与计算机应用发展方向一致性的因素，采用 Windows7 为开发平台。

2. 软件平台

Visual Basic（VB）作为一个面向对象的可视化编程语言，由于其易学、易用且功能强大，得到了广泛的应用。用 VB 开发的数据库程序可以很容易地与其他计算机或单片机进行通信，获得数据而形成一个实际的应用系统。此外，用 VB 开发的数据库容易进行数据库的加密，从而保证数据的安全性。而其他数据库开发语言如 FoxPro 的数据库是开放的，比较难以进行数据的加密。采用 MicroSoft Visal Basic 6.0 进行数据后处理开发，软件界面直观友好，与 Windows 系列软件的兼容性良好。系统数据可直接导出到 Excel 等文本处理软件中，方便进一步的浏览、分析与后处理。

3. 数据库

数据库采用通用的 SQL 数据库,该数据库属于关系型数据库,使用该数据库时无须进行复杂的编程,利用所提供的向导即可进行数据库表的设计。根据工程监测数据的类型,通过 SQL 的操作界面可方便地对所建的数据库表进行统一命名,对表中的字段进行查看、修改等操作。利用数据库的灵活性,也可以检验工程监测系统对数据库的操作的准确性。除上述所述优点外,SQL 数据库还有以下优点:

(1)高性能设计,可充分利用 Windows NT 的优势。

(2)系统管理先进,支持 Windows 图形化管理工具,支持本地和远程的系统管理和配置。

(3)强大的事务处理功能,采用各种方法保证数据的完整性。

(4)支持对称多处理器结构、存储过程、ODBC,并具有自主的 SQL 语言。SQL Server 以其内置的数据复制功能、强大的管理工具、与 Internet 的紧密集成和开放的系统结构为广大的用户、开发人员和系统集成商提供了一个出众的数据库平台。

5.5.2.3　后处理软件模块化设计与工作原理

监测系统的数据后处理软件包括不同的功能模块,负责系统的数据通信、数据预处理、数据分析、监测断面信息反馈、安全评价、预警预报、外部程序连接以及系统安全等功能的实现。系统的功能模块组成如图 5-17 所示。

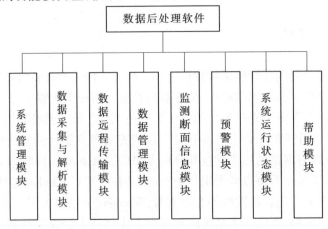

图 5-17　数据后处理软件组成

数据后处理软件的主要功能如下。

1. 数据采集与传输

基于系统配置模块,设置监测断面传感器的相关参数、监测频率、计算公式信息,自动化采集实时监测数据;开发 GPRS 数据传输程序,实现信号采集模块—人机交互界面—监测计算机间的监测数据、监测指令、工作状态信息的传输。

2. 数据的管理与查询

基于数据管理功能模块,自动整理并分析各断面监测数据,形成历史数据数据库与历史数据曲线并自动备份,便于数据的查询、导出、分析。

3. 工程监测断面信息查询

设计工程断面查询界面,直观显示传感器平面、剖面分布状态,查询传感器平面分布位置、高程信息、实时数据、报警信息等。

4. 实时预警预报功能

具备多模式的预警预报功能,包括现场警报、灯光警报、短信警报等。

5. 系统安全管理功能

系统安全管理功能包括系统数据安全与设备安全管理功能。设计不同权限登录方式,设置数据自动备份功能,建立独立、安全的数据库系统,全方位保障监测系统的数据安全;设计系统运行安全模块,查询监测系统实时工作状态(包括可移动式边坡工程安全监测模块工作温度、通信状态、风扇启动状态、报警状态)查询。

数据后处理软件的工作原理如图 5-18 所示。

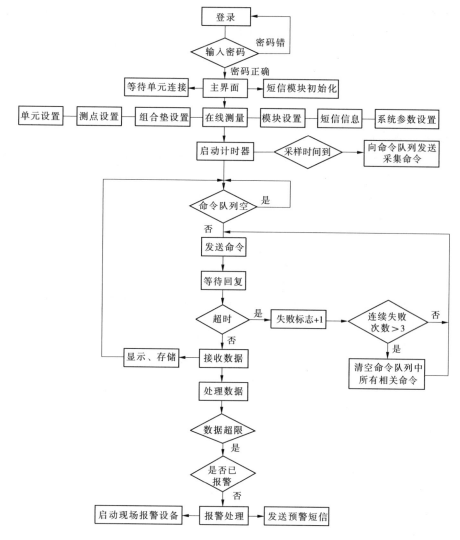

图 5-18　数据后处理软件的工作原理

5.5.3 数据后处理软件功能模块设计

5.5.3.1 系统管理模块设计

1. 系统管理模块功能设计

边坡工程监测系统运行过程中,确保系统的运行、管理以及数据安全十分重要。系统管理模块负责区分系统管理员与系统操作员,并对不同人员设置权限,确保系统的正常运行和数据安全;通过设置系统操作记录日志,完善系统信息查询和管理功能。

2. 系统管理模块工作原理及代码

系统管理模块的核心设计思路是多层级用户设计,给予不同等级用户对应的权限,并记录各用户的登录、退出以及相关操作的信息,以保证系统的安全运行。

系统管理模块的部分代码如下:

用户管理

```
Private Sub cmdUser_Click(Index As Integer)
Dim RT As Long
Dim BMK


Select Case Index
    Case 0 '增加用户
        If Trim(txtUserName) = "" Or cmbGrade.Text = "" Or txtPassword = "" Or Not
IsNumeric(txtLogTime) Then
                MsgBox "请完善用户信息!", vbOKOnly
                Exit Sub
        End If


        If rsUser.RecordCount > 0 Then
            rsUser.Find "用户名 ='"& Trim(txtUserName) & "'", , adSearchForward, ad-
BookmarkFirst
            If Not rsUser.EOF Then
                    MsgBox "已有同名用户存在!", vbOKOnly
                    Exit Sub
            End If
        End If


        rsUser.AddNew
        rsUser("用户名") = Trim(txtUserName)
        rsUser("用户权限") = cmbGrade.Text
        rsUser("登录密码") = txtPassword
        rsUser("登录超时") = txtLogTime
```

rsUser. Update

```
If cmbGrade. Text  =  "系统管理员" Then
    TreeSys. Nodes. Add nodeSys, tvwChild, , Trim(txtUserName)
Else
    TreeSys. Nodes. Add nodeOpe, tvwChild, , Trim(txtUserName)
End If


Case 1 ′修改用户
    If rsUser. EOF Or rsUser. BOF Then
        MsgBox "请选择需修改的用户!", vbOKOnly
        Exit Sub
    End If


    BMK  =  rsUser. Bookmark
    rsUser. Find "用户名 ='"& Trim(txtUserName) & "'", , adSearchForward, adBook-
markFirst
    If Not rsUser. EOF Then
        If rsUser. Bookmark  <  > BMK Then
            MsgBox "已有同名用户存在!", vbOKOnly
            Exit Sub
        End If
    End If
```

3. 系统管理模块设计界面

系统管理模块界面如图 5-19、图 5-20 所示。

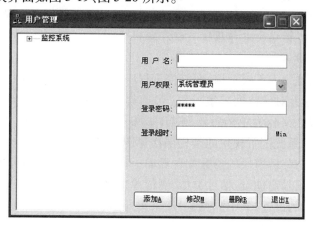

图 5-19　用户权限设置界面

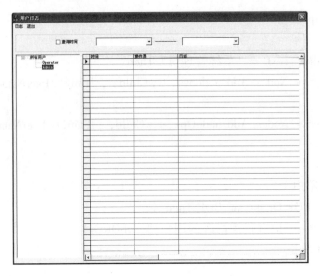

图 5-20　　工作日志查询界面

5.5.3.2　数据采集与解析模块设计

1. 数据采集与解析模块功能设计

数据采集与解析模块主要负责测量站点信息配置、初始数据解析、数据的转换及存储,具体分项功能如下:

(1)配置站点参数。根据信号采集模块与传感器的连接情况,配置站点信息与传感器参数。

(2)初始数据解析。根据传感器率定公式将原始数据转换成实际测量值。

(3)转换数据合理性分析。与设定的预警、报警指标值进行比较,如超限,则进行单点持续采样。

(4)预警、报警信息输出。当监测采样结果确认超限后,预警信息输出到预警模块,完成预警工作。

(5)数据存储。转换数据合理性分析确认后进入数据存储单元。将数据以加密格式存储、备份、打包;具备历史数据可自动/手动备份功能,保证数据的完整性。

2. 数据采集与解析模块工作原理及程序源代码

1)配置站点参数

监测站点的配置分为 3 层结构,即监控工程—单元—测点,作为第一层的监控工程对应数据采集系统,单元对应数据采集模块(包括集成式的数据采集卡和可移动式的数据采集模块),其中测点又分为单传感器测点(如渗压计、土压力计等)、组合测点(如测斜仪)两种测点结构。系统配置模块的结构层次见图 5-21。

通过数据采集与分析模块的参数配置界面,可进行测点编号、单元编号、模块编号、采集通道、设备类型、信号物理量、信号类型、测值单位、接线方式、换算公式、测量量程、警戒值、初始读数等参数的设置,其中测点编号、采集通道、信号类型、信号物理量以及接线方式等信息可在可移动式安全监测模块上设置并上传,其他参数须在数据后处理软件的参数配置界面进行设置。

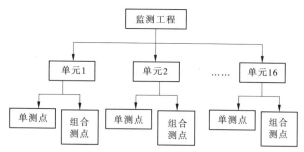

图 5-21　系统配置模块的结构层次

2）数据采集、解析与转换

数据采集与分析模块与各单元的通信采用轮询方式，即上位机轮流向各站点发送请求命令，站点收到请求命令，回复请求。上位机收到站点回送的数据后，对数据进行解析。然后向下一个站点请求数据。接收数据后根据计算公式将原始的电压、电流、电阻、频率、脉冲等各类信号换算成所需的物理量，如压力、位移、水位、降水量等。

由于 VB 6.0 是面向对象编程，在数据采集的过程中因此设有一个计时器 Timer1，计时器每秒钟触发一次，扫描命令队列里是否有请求命令，当存在请求命令时，即通过数据传输端口传输出去，同时启动另一个计时器 Timer2。Timer2 每 30 s 触发一次，当该计时器触发但上位机没有收到回复时，认为通信失败，此站点通信失败计数器加 1，同时将该请求命令移到命令队列最后，发送下一条命令。如果通信失败计数器数据大于 5，即判定此站点通信故障。

3）数据存储与预警信息的输出

当通过数据解析与转换过程后，监测数据按照加密格式进行存储、备份、打包，同时将实时监测数据与设定的警戒值对比，当监测数据结果确认超限后，将该信息输出至预警模块。

4）数据采集与分析模块的程序代码

以下为模块的部分程序代码：

```
Private Sub cmdChannel_Click( Index As Integer)
Dim PortStr As String


If UserLevel < > "系统管理员" Then
    MsgBox "你没有执行此操作的权限!", vbOKOnly, ""
    Exit Sub
End If


Dim rsTemp As New Recordset


Select Case Index
    Case 0 '添加设备
        If Trim( txtSensorCode) = "" Then：MsgBox "测点编号不能为空!",
```

```
vbOKOnly, "": Exit Sub

        rsTemp. CursorLocation = adUseClient
        rsTemp. Open "select * from Sensor WHERE 单元编号 ='", & cmbUnit. Text
& "'AND 测点编号 ='" & Trim(txtSensorCode) & " ", cnMain, adOpenForwardOnly, ad-
LockReadOnly

        If rsTemp. RecordCount > 0 Then MsgBox "已有该编号设备存在!",
vbOKOnly, "": Set rsTemp = Nothing: Exit Sub
        Set rsTemp = Nothing

      If cmbFormula. Text = "V = Vp/R" And Val(txtPar(0)) = 0 Then
          MsgBox "比例因子 R 不能为零!", vbOKOnly, ""
          Exit Sub
      End If

      If cmbFormula. Text = "S = (I - 4)/16 * (UR - LR) + LR - V0" And Val
(txtPar(0)) = Val(txtPar(1)) Then
          MsgBox "量程上限 UR 不能与下限 LR 相同!", vbOKOnly, ""
          Exit Sub
      End If

      rsSensor. AddNew
      rsSensor("单元编号") = cmbUnit. Text
      rsSensor("测点编号") = Trim(txtSensorCode)
      rsSensor("模块号") = cmbModual. Text
      rsSensor("通道号") = cmbChannel. Text

      If rsSensor("通道号") = 6 Then
          rsSensor("接线方式") = "D00"
      Else
          rsSensor("接线方式") = imgCombo. SelectedItem. Key
      End If

      rsSensor("备注") = txtSensorMeno
      rsSensor("设备类型") = cmbSensorType. Text
      rsSensor("信号物理量") = cmbSingal. Text
      rsSensor("信号类型") = cmbSingalType. Text
```

```
rsSensor("测量单位") = cmbUnitName.Text
rsSensor("计算公式") = cmbFormula.Text

If chkAlarm(0).Value = vbChecked Then
    rsSensor("上限报警允许") = True
Else
    rsSensor("上限报警允许") = False
End If

If chkAlarm(1).Value = vbChecked Then
    rsSensor("下限报警允许") = True
Else
    rsSensor("下限报警允许") = False
End If

rsSensor("报警上限") = Val(txtAlarm(0))
rsSensor("报警下限") = Val(txtAlarm(1))
rsSensor("补偿变量") = cmbVar.Text
rsSensor("系数1") = Val(txtPar(0))
rsSensor("系数2") = Val(txtPar(1))
rsSensor("系数3") = Val(txtPar(2))
rsSensor("系数4") = Val(txtPar(3))
rsSensor("系数5") = Val(txtPar(4))
rsSensor("系数6") = Val(txtPar(5))

If chkRefValue.Value = vbChecked Then
    rsSensor("初始值去除") = True
Else
    rsSensor("初始值去除") = False
End If
rsSensor("初始值") = txtPriValue
rsSensor.Update
```

3. 数据采集与解析模块界面

数据采集与解析模块界面如图 5-22、图 5-23 所示。

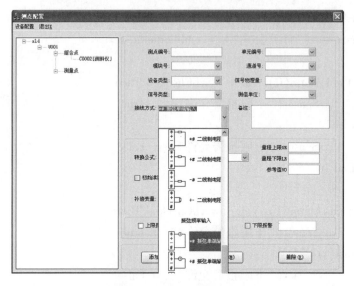

图 5-22　测点配置界面

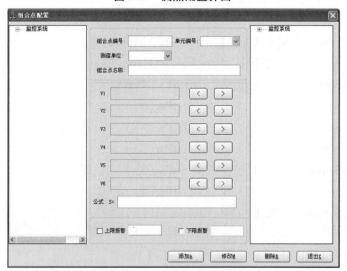

图 5-23　组合测点配置界面

5.5.3.3　数据远程传输模块设计

1.数据远程传输模块功能设计

可移动式边坡工程安全监测模块与上位机之间的通信采用以太网和 GPRS 两种方式,当采用以太网传输方式时,需要针对网络传输模块;当采用 GPRS 传输时,需要设计数据远程传输模块。数据远程传输模块的主要功能包括:

(1)数据远程传输功能,设置以太网接口/GPRS 无线传输接口,实现数据自动采集模块与监测中心的管理主机之间的数据传输。

(2)采用以太网进行数据传输时,采用 TCP/IP 通信协议接口。

(3)邮件功能,将当日数据实测值及后处理值上传及下载至指定的 Internet 邮箱。

(4)短信功能,配合 GSM 模块将一些设定的重要事件,如内存溢出、系统故障、警报等以信息的形式发送到指定手机号码。

　　2. 数据远程传输模块原理及程序源代码

　　上位机数据远程传输模块向数据采集系统或可移动式边坡工程安全监测模块发出请求命令后,等待回复。如果收到数据采集系统或可移动式边坡工程安全监测模块回复,即清除此站点通信失败计数器,停止 Timer2 计时器触发。从收到第一个数据开始,启动计时器 Timer3,Timer3 每 200 ms 触发一次,触发时,读取接收缓冲区中的所有数据进行处理。如果在 Timer3 触发时收到的数据不完整,即认为数据发送延时,此帧数据无效,重新发送请求命令。

　　以下为数据远程传输模块的部分程序代码:

```
If CommType = "TCP" Then '原通信为 TCP
                If rsStation("通信方式") < > CommType Then '单元通信方式变
更,关闭连接,卸载控件
        frmMain. WinsockTCP(. wIndex). Close
                        Unload frmMain. WinsockTCP(. wIndex)


                        If rsTCP. RecordCount > 0 Then
                                rsTCP. MoveFirst
                                While Not rsTCP. EOF
                                        If rsTCP("WinsockID") = . wIndex Then
rsTCP. Delete adAffectCurrent

                                        End If


                                        rsTCP. MoveNext
                                Wend
                        End If
                Else
                        If uIP < > rsStation("单元 IP") Or uPort < > rsStation("端
口") Then '通信方式未变,但 IP 地址或端口改变,关闭连接,重新请求连接
        frmMain. WinsockTCP(. wIndex). Close
                        frmMain. WinsockTCP(. wIndex). Connect rsStation("单元
IP"), rsStation("端口")
                        End If
                End If
        Else
                If rsStation("通信方式") = "TCP" Then
                        IDX = frmMain. WinsockTCP. UBound + 1
                        Load frmMain. WinsockTCP(IDX)
```

　　　　　　　　　　　　frmMain. WinsockTCP（IDX）. Connect rsStation（"单元 IP"），
rsStation（"端口"）

　　　　　　　　　　End If

　　　　End If
　　　　End With

　　　　cnMain. Execute "INSERT INTO LOG（时间，操作员，日志）VALUES（'"&
Now &'","'"& UserName & '"，'修改单元" & rsStation（"单元编号"）& "属性'）"
　　　　　　rsStation. Update

3. 数据远程传输模块界面

数据远程传输模块界面如图 5-24、图 5-25 所示。

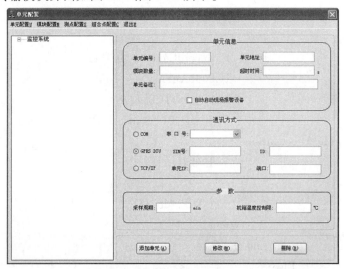

图 5-24　GPRS **配置界面**　（图中通讯应为通信，下同，编者注）

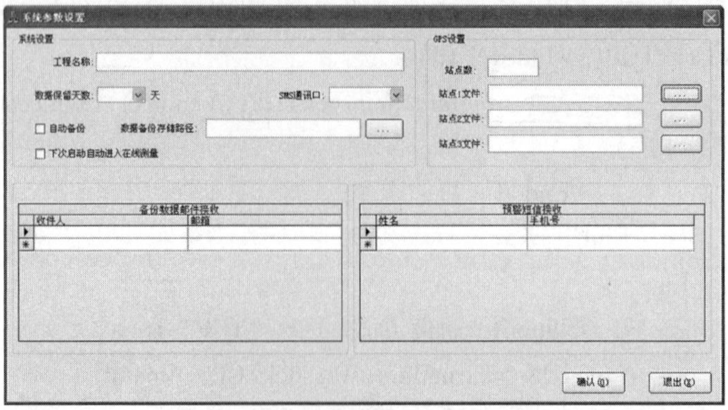

图 5-25　**邮箱及短信地址设置界面**

5.5.3.4　数据管理模块设计

1. 数据管理模块功能设计

数据管理模块主要负责数据录入、数据显示、数据维护、数据更新、数据输出、用户管理等功能。该模块提取数据存储单元的测量数据,以图表方式显示实时与历史数据,绘制实时及历史曲线,进行各测点监测数据的浏览、查询、统计、分析(图形与报表显示,含监测数据过程线)等。

2. 数据管理模块工作原理及程序代码

数据采集与解析模块在将数据解析、转换和存储后,数据管理模块根据不同的功能需求,设置不同的子界面,并提取数据库中的监测数据录入对应的图表中。数据管理模块下设 2 个子界面,包括实时数据查询界面以及历史数据查询界面。

以下为数据管理模块的部分程序代码:

```
Private Sub cmdInquire_Click( )
Dim startTime As String, endTime As String, sNode As Node
Dim rsTemp As New Recordset, rsMaxMin As New Recordset
Dim UnitCode As String, SCode As String, AlarmOK As Boolean
Dim Wid As Single
Dim rsD As New Recordset
Dim RandAs Single
Dim cUnit As String, cEUHI As Double, cEULO As Double, cLoAlarm As Double, cHi-
Alarm As Double
On Error Resume Next

startTime = Format(DTPicker(0). Value, "yyyy-mm-dd" ) & Space(1) & Format(DT-
Picker(1). Value, "HH:MM:SS" )
endTime = Format(DTPicker(2). Value, "yyyy-mm-dd" ) & Space(1) & Format(DT-
Picker(3). Value, "HH:MM:SS" )

Set sNode = treeSys. SelectedItem
UnitCode = Mid( sNode. Parent. Key, 2)
SCode = sNode. Text

If rsData. State = 1 Then Set rsData = Nothing
rsData. CursorLocation = adUseClient

If Left( sNode. Parent. Key, 1) = "S" Then
    rsData. Open "Select 采样时间,原始值,测量值 from " & UnitCode & "_" &
SCode & " Where 采样时间 Between '"& startTime & "'And '"& endTime & "'ORDER BY 采样
时间 ASC", cnMain, adOpenDynamic, adLockReadOnly
```

```
Set DtGrid. DataSource = rsData

If rsData. RecordCount < 2 Then
    MsgBox "当前时段所记录数据太少,无法形成历史曲线!", vbOKOnly, ""
    Set rsTemp = Nothing: Set rsS = Nothing: Set rsC = Nothing
    Exit Sub
End If

rsTemp. CursorLocation = adUseClient
rsTemp. Open "Select * from Sensor Where 单元编号 = '"& UnitCode & "'AND 测
点编号 = '"& SCode &"'", cnMain, adOpenDynamic, adLockReadOnly

If rsTemp. RecordCount = 0 Then Set rsTemp = Nothing: Exit Sub
rsTemp. MoveFirst
cUnit = rsTemp("测量单位")

If rsTemp("上限报警允许") Or rsTemp("下限报警允许") Then AlarmOK =
True
rsMaxMin. CursorLocation = adUseClient
rsMaxMin. Open "select MAX(测量值), MIN(测量值) from " & UnitCode & "_"
& SCode & " Where 采样时间 Between '"& startTime &"'And '"& endTime & "'", cnMain,
adOpenDynamic, adLockReadOnly

Rang = rsMaxMin(0) - rsMaxMin(1)

If Rang < > 0 Then
cEUHI = Round(rsMaxMin(0) + Rang * 0.2, 2): cEULO = Round(rsMaxMin(1)-
Rang * 0.2, 2)
    Else
cEUHI = Round(rsMaxMin(0) + 0.01, 2): cEULO = Round(rsMaxMin(1)-0.01, 2)
    End If
```

3. 数据管理模块界面

数据远程传输模块界面如图 5-26、图 5-27 所示。

5.5.3.5　监测断面信息模块设计

1. 监测断面信息模块功能分析

监测断面信息模块负责记录并显示监测断面相关信息,包括监测断面名称、断面位置信息、测点分布情况、测点坐标信息、仪器编号等。

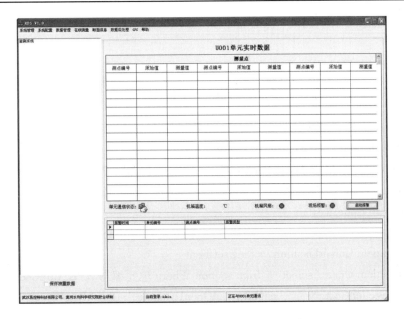

图5-26　实时监测数据

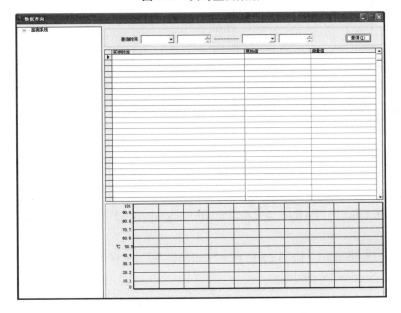

图5-27　历史数据查询

2. 监测断面信息模块工作原理及程序代码

监测断面信息模块基于监测工程位置信息、测点坐标信息等，在软件中设置图形界面，绘制标准尺寸的断面图形，并标注传感器的位置信息，通过调用数据库信息，可在传感器编号处显示实时监测数据。

以下为监测断面信息模块的部分程序代码：

Private Sub treeSys_NodeClick(ByVal Node As MSComctlLib. Node)

```
Dim rsS As New Recordset, rsSection As New Recordset, rsSite As New Recordset

If Node. Index = 1 Then Exit Sub

On Error Resume Next

If Mid( Node. Key, 1, 1) = "C" Then
    UnitCode = Mid( Node. Parent. Key, 2, InStr( Node. Parent. Key, "_") - 2)
    SectionCode = Mid( Node. Parent. Key, InStr( Node. Parent. Key, "_") + 1)
    Site = Node. Text

    rsSection. CursorLocation = adUseClient
    rsSection. Open "select * from section Where 单元编号 ='"& UnitCode & "'AND 断
面编号 ='"& SectionCode & "'", cnMain, adOpenDynamic, adLockReadOnly

    rsSection. MoveFirst
    txtSectionName = rsSection("断面名")
    txtSectionCode = rsSection("断面编号")
    cmbUnitCode. Text = rsSection("单元编号")
    txtSection(0) = rsSection("长")
    txtSection(1) = rsSection("宽")
    txtSection(2) = rsSection("高")
    txtSection(3) = rsSection("平面图")
    txtSection(4) = rsSection("截面图")
    imgSection(0). Picture = LoadPicture( rsSection("平面图"))
    imgSection(1). Picture = LoadPicture( rsSection("截面图"))

    sX = rsSection("长"): sY = rsSection("宽"): sZ = rsSection("高")
    Set rsSection = Nothing
Else
    If Mid( Node. Key, 1, 1) = "S" Then
        UnitCode = Mid( Node. Key, 2, InStr( Node. Key, "_") - 2)
        SectionCode = Mid( Node. Key, InStr( Node. Key, "_") + 1)

        rsSection. CursorLocation = adUseClient
        rsSection. Open "select * from section Where 单元编号 ='"& UnitCode & "'
AND 断面编号 ='"& SectionCode & "'", cnMain, adOpenDynamic, adLockReadOnly
```

rsSection. MoveFirst

txtSectionName ＝ rsSection("断面名")

txtSectionCode ＝ rsSection("断面编号")

cmbUnitCode. Text ＝ rsSection("单元编号")

txtSection(0) ＝ rsSection("长")

txtSection(1) ＝ rsSection("宽")

txtSection(2) ＝ rsSection("高")

txtSection(3) ＝ rsSection("平面图")

txtSection(4) ＝ rsSection("截面图")

imgSection(0). Picture ＝ LoadPicture(rsSection("平面图"))

imgSection(1). Picture ＝ LoadPicture(rsSection("截面图"))

sX ＝ rsSection("长")：sY ＝ rsSection("宽")：sZ ＝ rsSection("高")

Set rsSection ＝ Nothing

　　　End If

End If

3. 监测断面信息模块界面

监测断面信息模块界面如图 5-28 所示。

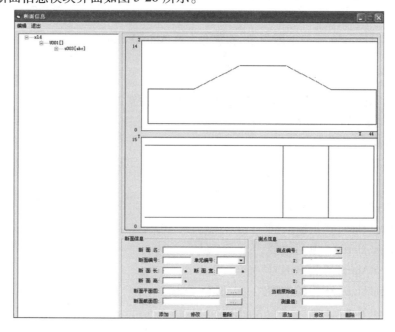

图 5-28　监测断面信息模块界面

5.5.3.6　预警模块设计

1. 预警模块功能分析

数据采集与解析模块对监测数据分析后,确认监测数据超限并发送至预警模块,预警模块通过警报、短信、邮件等方式进行预警。

2. 预警模块工作原理及程序源代码

在确认采样结果超过警戒值时,预报模块进入预警模式,并向通信功能模块发出指令,开启现场警报并向指定手机用户发送预警短信,收到人工确认预警指令后,恢复正常状态。采样结果恢复正常数值(不超过警戒值)时,系统恢复正常数据采集模式。系统会通过邮件和短信向指定的邮箱和手机发送信息,预报险情的到来。同时,系统会自动记录所有的报警事件,以方便追溯。

预警模块程序部分代码如下:

```
Private Sub CPointA_Alarm(uCode As String, cCode As String, aStatus As Integer, AlarmValue As Double)
Dim MessID As Long
Dim Send(0 To 1) As Byte
Dim AlarmStr As String

Set ST = Station("U" & uCode)
Select Case aStatus
    Case 0
        AlarmStr = "报警恢复"
    Case 1
        AlarmStr = "上限报警,报警值" & AlarmValue
Send(0) = 255: Send(1) = 1
    Case 2
        AlarmStr = "下限报警,报警值" & AlarmValue
Send(0) = 255: Send(1) = 1
End Select

If aStatus < > 0 Then
    rsRealAlarm. AddNew
    rsRealAlarm("报警时间") = Now
    rsRealAlarm("单元编号") = uCode
    rsRealAlarm("测点编号") = cCode
    rsRealAlarm("报警类型") = AlarmStr
    rsRealAlarm. Sort = "报警时间 DESC"
Else
    rsRealAlarm. Find "单元编号 =""& uCode & """, , adSearchForward, adBookmark-
```

First

rsRealAlarm. Find "测点编号 ='"& cCode & "'"

If Not rsRealAlarm. EOF Then

rsRealAlarm. Delete adAffectCurrent

End If

End If

cnMain. Execute "INSERT INTO Alarm（报警时间, 单元编号, 测点编号, 报警类型, 操作人员）VALUES（'"& Now & "','"& uCode & "','"& cCode &"','"& AlarmStr &"','"& User-Name &"'）"

rsHistAlarm. Requery '刷新历史报警记录

If aStatus > 0 Then

　　If rsMess. RecordCount > 0 Then

　　　　rsMess. MoveFirst

　　　　While Not rsMess. EOF

　　　　　　rsMessage. AddNew

rsMessage（"ID"）= -1

　　　　　　rsMessage（"PhoneNum"）= rsMess（"手机号"）

　　　　　　rsMessage（"Message"）= uCode & "单元" & cCode & AlarmStr

rsMessage（"Time"）= Now

rsMessage（"FailCount"）= 0

　　　　　　rsMess. MoveNext

　　　　Wend

　　　　Timer3 = True

　　End If

　　If ST. AlarmStarted = False And ST. AutoStartAlarmDevice And ST. AlarmDeviceStarted = False Then '启动现场报警设备

　　　　Call SendCommand（ST, 6, 99, 4403, 1, Send）

　　End If

　　Timer5 = True

End If

3. 预警模块界面

预警模块界面如图 5-29 所示。

图 5-29　预警模块界面

5.5.3.7　系统运行状态模块设计

1. 系统运行状态模块功能分析

系统工况模块的功能是显示系统通信状态、机箱温度、机箱风扇启动以及现场报警功能启动等信息。

2. 系统运行状态模块工作原理及程序代码

监测系统运行时,数据后处理(数据采集与解析模块或数据远程传输模块)向数据采集系统/可移动式边坡安全监测模块发送数据请求指令,后者应向数据后处理系统发送数据并回复,当未能正常发送数据并回复时,记为 1 次超时失败,当连续发生 3 次时,判断通信状态异常,在系统运行状态模块界面中发送失败警报。

数据采集系统/可移动式边坡安全监测模块在运行时,内部设有温度传感器以及散热系统,当温度传感器采集到的温度信息超过设定值时,数据后处理软件发送指令使散热系统工作,当散热系统未能正常工作时,判断散热系统异常,在系统运行状态模块界面中发送异常警报。

数据采集系统/可移动式边坡安全监测模块内部设有警报装置,当数据后处理软件判定监测数据超限时,现场启动警报,系统运行状态模块界面中显示相关记录。

以下是系统运行状态模块的部分程序代码:

```
rsStation("采样周期") = txtUnit(7): rsStation("机箱温度控制限") = txtUnit(8)
rsStation("报警设备启动") = IIf(chkAlarm.Value = vbChecked, True, False)
rsStation("单一模块") = IIf(chkIsModual.Value = vbChecked, True, False)


With Station("U" & nUnit)
    .Address = rsStation("单元地址")
    .AutoStartAlarmDevice = rsStation("报警设备启动")
    .CommPort = rsStation("端口")
    .CommType = rsStation("通信方式")
    .ID = rsStation("ID")
    .SIM = rsStation("SIM 号")
    .SingleModual = rsStation("单一模块")
    .SpanTime = rsStation("采样周期")
    .TempLimit = rsStation("机箱温度控制限")
    .UnitIP = rsStation("单元 IP")
```

3. 系统运行状态模块界面

系统运行状态模块界面如图 5-30 所示。

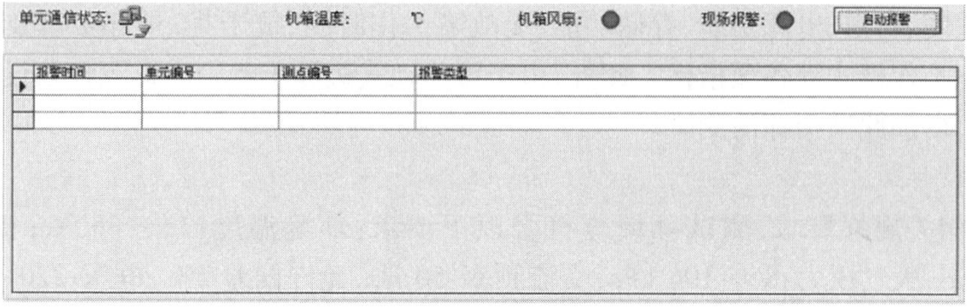

图 5-30　系统运行状态模块界面

5.5.3.8　帮助模块设计

1. 帮助模块功能分析

帮助模块的主要功能是调用软件说明书。

2. 帮助模块程序代码

```
Private Sub mnuHelp_Click( )
Shell "HH. exe "& App. path & " \Help. chm"
End Sub
```

5.6　模块测试

5.6.1　测试概要与测试方法

5.6.1.1　测试概要

边坡工程的安全监测是保障工程安全的重要措施之一,我国对于自动化监测设备制定了相关的技术规范,其中《土石坝安全监测技术规范》(SL 551—2012)、《大坝安全监测自动化系统实用化要求及验收规程》(DL/T 5272—2012)对大坝安全监测自动化监测系统的建设提出了规范性的要求,规定了系统应当具备的功能及其相关指标、性能以及参数。

本书的目的是研制可移动式边坡工程安全监测模块以及开发配套的数据后处理软件,提交一套适用于边坡工程安全监测的解决方案,参照《土石坝安全监测技术规范》(SL 551—2012)、《大坝安全监测自动化系统实用化要求及验收规程》(DL/T 5272—2012)等规范的相关要求,结合实际情况进行监测设备各项功能指标与性能参数的室内测试,依据测试结果对设备的结构、功能以及使用方法进行优化与改进。

5.6.1.2　测试方法

对可移动式边坡工程安全监测模块及其数据后处理软件的测试分为两个部分:一是系统硬件测试,二是数据后处理软件测试。

1. 系统硬件测试

依据《土石坝安全监测技术规范》（SL 551—2012）、《大坝安全监测自动化系统实用化要求及验收规程》（DL/T 5272—2012）等规范的要求，系统硬件的测试主要包括采集功能、测量精度、防雷、电源功能、存储功能、无故障工作时间、抗干扰、外部接口及环境适应性、多模态工作模式等各项指标。此外，由于可移动式边坡工程安全监测模块设有多模块工作模式，增加此项指标的测试。

1）测试环境

依据相关规范要求，测试环境应符合以下要求：环境温度：15 ～ 35 ℃；相对湿度：25% ～75%；大气压力：86 ～106 kPa；交流频率：50 Hz，允许偏差2%；电压：220 V，允许偏差10%。

2）测试方法

按照实际监测工程中配置方式组成工程安全自动采集系统，测试过程对采集模块抽取 3 ～5 个通道进行测试，依据规范要求测试各项功能，测试过程中采用一定的方式，人工给予一个标准物理量变化，检验系统的测值准确性。

2. 数据后处理软件测试

依据《土石坝安全监测技术规范》（SL 551—2012）、《大坝安全监测自动化系统实用化要求及验收规程》（DL/T 5272—2012）等规范的要求，数据后处理软件的测试项目包括安全功能、参数录入功能、数据显示功能、数据传输功能、数据处理功能、系统运行状态自检功能等。

1）测试环境

数据库服务器配置：

CPU：AMD A8 – 6500 APU with Radeon HD GrapHics；内存：4 GB；硬盘：500 GB；操作系统：Window7 32 位操作系统；应用软件：边坡工程安全监测系统后处理软件。

2）测试方法

数据后处理软件与可移动式边坡工程安全监测模块协调工作，测试各项功能，必要时可通过模拟信号进行试验测试。

3）测试时间及地点

可移动式边坡工程安全监测模块及后处理软件的测试时间为2016 年 8 月 10 日至11月 30 日，测试地点在设备的加工单位——武汉易控特科技有限公司，由黄河水利科学研究院和武汉易控特科技有限公司共同完成。

5.6.1.3　监测系统测试配置组成

室内测试配置见表5-3。

表 5-3　监测系统测试配置

设备	品牌/型号	参数	监测参数
计算机	Dell	—	—
渗压计	北京基康/BGK 4500S	标准量程:0.1~3 MPa;非线性误差范围:直线:≤0.5%FS,多项式误差范围:≤0.1%FS	渗透压力
测斜仪	AGI/906 little dipper	量程范围: ±12°;分辨率:0.005°;系统精度:0.8% FS	位移
土压力计	Roctest/ TPC	量程范围:0.1~20 MPa;测量精度: ±0.5%FS	土压力、温度
水位计	北京古大/GDRD51	测量范围 0~20 m;灵敏度≤1 cm;测量精度:±0.1%FS	水位
可移动式监测模块	YRIHR016	15 通道;GPRS/RS485/以太网通信	—
数据采集系统	YRIHR014	48 通道;GPRS/RS485/以太网通信	—
数据后处理软件	RMS	—	—
手持式读数仪	华测	可采读频率信号	
手持式读数仪	葛南	可采读电压、电流信号	

5.6.2　系统硬件测试

5.6.2.1　采集功能、测量精度、无故障工作时间及数据存储测试

可移动式边坡工程安全监测模块连接 5 支传感器,各传感器与模块连接方式、通道编号以及信号情况如表5-4 所示。

表 5-4　传感器连接情况

传感器类型	传感器编号	连接端子编号	接线方式	信号类型	监测指标
渗压计	2245	1 – 1	＊　　#	Hz	压力
渗压计	2248	1 – 2	＋　　#	Hz	压力
土压力计	1217955	1 – 3	－　　#	Hz	压力
		2 – 1		Hz	温度
测斜仪	4586	3 – 1	信号线＊　# 供电线 12 V ±	mV	倾斜
水位计	GD4179	4 – 2	信号线＋　# 供电线 12 V ±		水位

传感器的接线及数据采集如图5-31所示。采集过程中,利用手持式读数仪对比采集数据,同时人工给予物理量的变化,如改变渗压计在水下的位置、增加测斜仪倾角等。

(a) 传感器接线　　　　　　　　　　(b) 数据采集

图5-31　传感器接线及数据采集

2016年8月10日至9月10日,连续测试720 h,期间对4支传感器共进行48次的物理量改变,120次手持读数仪的监测数据比对,以及10次测量采读频率的变化,测试结论如下:

(1)测试期间可移动式边坡工程安全监测模块的数据采集功能正常,可以连续24 h不间断监测,监测数据精度高。

(2)测试期间720 h内无故障,受限于客观条件,无法完成规范要求的年无故障工作时间6 300 h的测试。

(3)采样频率(包括巡测、点测)灵活可调,巡测最小间隔为2 min、点测最小间隔为10 s。

(4)测试期间数据存储功能正常,数据完整率达到99.9%。

(5)在测试过程中可移动式边坡工程安全监测模块仅测试了4种传感器及3种信号,通过对数据采集通道端子的特殊设计,可兼容差动电阻式、电感式、电容式、压阻式、振弦式、差动变压器、电位器式、光电式等各类监测仪器。

以上结果表明,可移动式边坡工程安全监测模块满足《土石坝安全监测技术规范》(SL 551—2012)、《大坝安全监测自动化系统实用化要求及验收规程》(DL/T 5272—2012)中关于自动化监测系统的采集功能、采集精度以及数据存储的要求。

5.6.2.2　防雷、抗干扰、外部环境适应测试

1.防雷测试及抗干扰测试

可移动式边坡工程安全监测模块的防雷设计包括两个方面:一是电路防雷设计,任一采集通道均设置防雷管,经厂家测试对元器件的测试结果显示,防雷管最高可耐压可达 3 500 V;二是采用接地防雷设计,实现高压电流的快速消散。

可移动式边坡工程安全监测模块对电路进行特别设计,采集通道均设有单独的光电隔离器,信号单向传输,输入端与输出端实现完全的电气隔离,输出信号对输入端无光耦影响,抗干扰能力强,工作稳定,无触点,使用寿命长,传输效率高。当某一输入通道工作时,电路中的继电器输入多路开关发出控制信号,使该通道连接的传感器通过继电器输入多路开关切换接入信号采集电路,而剩余四个通道的所有输入被断开,其与被采集的信号通道完全隔离,有效地克服其他通道所接的传感器带来的噪声。

室内测试过程中,人工模拟了振动以及电磁干扰,测试结果表明,由于可移动式边坡工程安全监测模块外部设有工程塑料保护箱,轻微的振动对正常工作的影响较小;电磁干扰源与可移动式边坡工程安全监测模块距离在 3 m 以上时电磁干扰影响可忽略。

2.外部环境适应测试

外部环境适应测试的项目主要包括温度、湿度以及防鼠等。

(1)《土石坝安全监测技术规范》(SL 551—2012)中要求的工作温度 −10 ~ +50 ℃;湿度不大于 95%;受限于试验条件,现场试验的温度变化范围为 0 ~ +50 ℃,湿度为 50% ~90%,测试时间为 2 h,测试过程中可移动式边坡工程安全监测模块工作正常。

(2)可移动式边坡工程安全监测模块采用了密封设计,进线口处采用收缩线圈,起到一定的防潮、防小动物的作用。同时,现场监测过程中,一般对传感器电缆进行架空设计或者穿管保护,动物对线缆的安全基本无影响。模块进线口设计如图 5-32 所示。

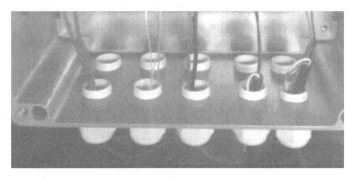

图 5-32　模块进线口设计

5.6.2.3　电源功能测试

可移动式边坡工程安全监测模块采用 220 V 市电和太阳能 24 V 备电的双供电模式,备用电池容量为 5 Ah,2016 年 9 月 12 日至 9 月 24 日,进行多次断电测试,测试结果见表 5-5。

表 5-5　断电测试试验结果

测试日期 （年-月-日）	工况	试验 次数	数据存储 情况	备电情况下维持 工作时间
2016-09-12	市电断电,无备用电源	3	正常	—
2016-09-13 ～ 2016-09-14	市电断电,备用电源满容量状态 满负载 15 支传感器(包括频率、电压、 电流、脉冲等 4 类信号),采集间隔 30 s	2	正常	至低电量提醒, 平均时间 190 min
2016-09-15 ～ 2016-09-24	市电断电,备用电源满容量状态 负载 6 支传感器(包括频率、电压、电 流、脉冲等 4 类信号),采集间隔 5 min	2	正常	至低电量提醒, 平均时间 73 h

由表 5-5 可知,可移动式边坡工程安全监测模块在突然断电的情况下,系统工作正常,未发生监测数据丢失、人机交互界面控制程序异常等问题;在太阳能供电系统不工作的情况下,以满负载工况(15 支传感器,30 s 采集间隔)进行测试,5 Ah 的备用电源的续航时间在 190 min 以上;以常规工况(6 支传感器,5 min 采集间隔)进行测试,同规格备用电源的续航时间在 73 h 以上(不同类型的传感器的功耗差异性较大,限于试验条件无法对各类传感器一一试验)。

5.6.2.4　外部接口测试

可移动式边坡工程安全监测模块的外部接口包括 RJ45 网络接口、USB 接口以及 RS485 接口。其中,RJ45 网络接口用于连接上位机(数据后处理软件),该部分的测试结果见本章 5.3。USB 接口连接 U 盘进行数据备份,在本章 5.2.1 中已经对数据的存储备份功能进行了测试。RS485 接口用于可移动式边坡工程安全监测模块与数据采集系统的连接,连接方式包括双绞线或 GPRS 模块,其功能是当可移动式边坡工程安全监测模块作为子测量单元时,将其采集到的监测数据转换为数字格式发送至数据采集系统,避免因长距离的传输导致电信号衰减。2016 年 9 月 24 日至 9 月 30 日,开展室内试验测试。

测试试验分为两种,一是可移动式边坡工程安全监测模块与数据采集系统之间用双绞线进行连接,设置不同的线缆长度,测试传输距离对数据传输的影响;二是采用 GPRS 的方式进行传输,设置不同的间距,测试距离对数据传输的影响。测试结果见表 5-6。

表 5-6　RS485 总线接口数据传输测试

测试时长 （h）	接线方式	接线长度/间距 （m）	传感器数量 （支）	采集间隔 （min）	数据传输情况
6	双绞线	20	5	5	数据准确,完整率 100%
6	双绞线	50	5	5	数据准确,完整率 100%
6	双绞线	200	5	5	数据准确,完整率 100%
6	双绞线	500	5	5	数据准确,完整率 100%
6	双绞线	500	5	5	数据准确,完整率 100%
12	GPRS	50	5	5	数据准确,完整率 100%
12	GPRS	500	5	5	数据准确,完整率 99.7%
12	GPRS	1 500	5	5	数据准确,完整率 99.8%

　　由表 5-6 可知,可移动式边坡工程安全监测模块在采用双绞线进行传输时,模块采集的数据与传输至数据采集系统的监测数据一致性好,数据的完整率达到 100%,同时在 1 000 m 范围内线缆长度的变化对监测数据无明显影响;在采用 GPRS 模块进行数据传输时,数据一致性好,理论上在一定距离内 GPRS 的传输不受距离影响,但所处位置的网络的波动可能对数据的完整性有一定的影响。

5.6.2.5　多模态工作模式测试

　　多模态工作模式设计目的是降低设备功耗,可移动式边坡工程安全监测模块设计了工作、休眠以及事件触发模式。2016 年 8 月 12 日至 9 月 2 日,设置不同的采集间隔和触发事件(包括修改系统参数、人为改变监测物理量使其超限等),测试多模态工作模式的自动切换功能,测试结果见表 5-7。

表 5-7　多模态工作方式功能测试

测试日期 (年-月-日)	持续时间	工况	工作状态
2016-08-12	30 min	采集间隔 1 min;期间通过上位机(数据后处理软件进行 3 次事件触发)	正常
2016-08-15	60 min	采集间隔 3 min;期间通过上位机(数据后处理软件进行 5 次事件触发)	正常
2016-08-18	60 min	采集间隔 10 min;期间通过上位机(数据后处理软件进行 5 次事件触发)	正常
2016-08-24	90 min	采集间隔 8 min;期间通过上位机(数据后处理软件进行 4 次事件触发)	正常
2016-09-02	45 min	采集间隔 3 min;期间通过上位机(数据后处理软件进行 3 次事件触发)	正常

　　通过表 5-7 可知,可移动式边坡工程安全监测模块的多模态工作模式的功能正常,能够按照指令在工作、休眠以及事件触发等模式正常切换。

5.6.3　数据后处理软件功能测试

5.6.3.1　安全功能测试

　　依据《土石坝安全监测技术规范》(SL 551—2012)、《大坝安全监测自动化系统实用化要求及验收规程》(DL/T 5272—2012)等规范的要求,自动化监测系统的后处理软件应具备安全保护功能,其要求包括:

　　(1)设置多级用户权限,具有多级用户管理功能。

　　(2)具有网络防护功能。

　　数据后处理软件用户管理界面及用户日志界面分别如图 5-33、图 5-34 所示。

　　通过图 5-33、图 5-34 可知,数据后处理软件具备多级用户管理功能,同时对用户的登录、退出、参数修改等事件进行了记录,有效保障了系统安全。此外,数据后处理软件对数据库进行加密设计,在连接网络时能保障软件的运行安全。

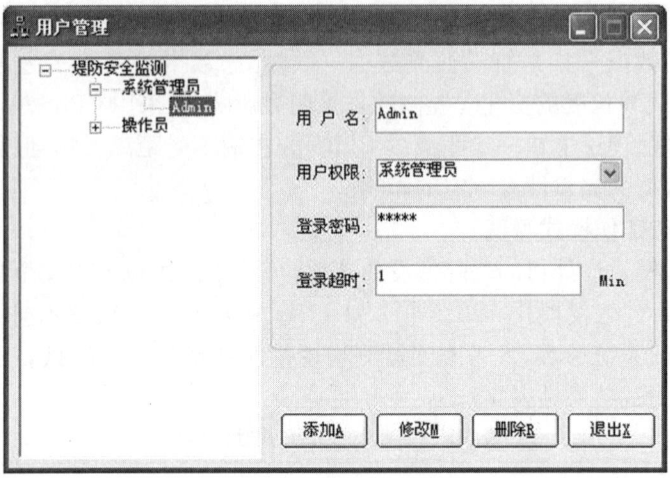

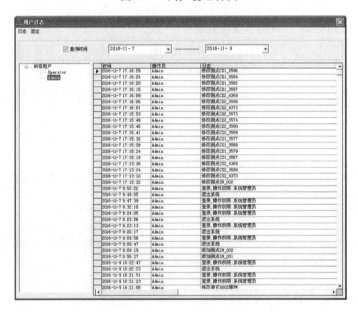

图 5-33　用户管理界面

图 5-34　用户日志界面

5.6.3.2　参数录入功能测试

　　数据后处理软件的参数录入包括传感器参数录入、监测断面信息录入、后处理软件运行参数录入等。参数录入的过程如图 5-35 ~ 图 5-37 所示。

　　通过图 5-35 ~ 图 5-37 可知,监测系统运行中的各项参数设置、保存、修改等功能符合设计要求。

5.6.3.3　数据传输、显示以及数据处理功能测试

　　可移动式边坡工程安全监测模块与数据后处理软件之间的通信通过以太网或 GPRS 模块连接,当采用以太网的通信方式时,在数据通信设置界面中填写该模块的 IP 地址,当

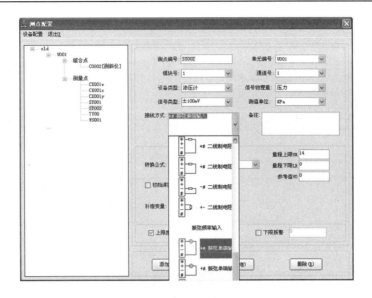

图 5-35　传感器参数录入界面

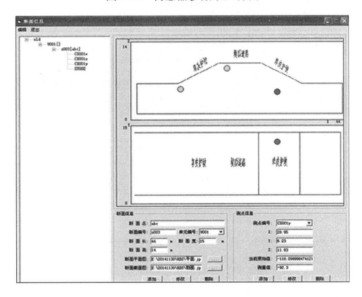

图 5-36　监测断面信息录入界面

采用 GPRS 传输时,在界面中输入 GPRS 模块的相关信息(SIM 卡号、GPRS 模块 ID 等)。数据通信参数设置界面如图 5-38 所示。

　　完成数据通信界面的相关参数的设置后,数据后处理软件连接至可移动式边坡工程安全监测模块并接收监测数据,基于对应的换算公式将监测数据换算成物理量,在后处理软件主界面显示,可移动式边坡工程安全监测模块与后处理软件的通信状态在主界面的下方可以查询,当发生异常时通信状态显示为断开。通过试验测试可知,数据后处理软件的实测数据显示与现场数据采集模块的数据采集的延迟约为 30 s。实时监测数据与通信状态显示界面如图 5-39 所示。

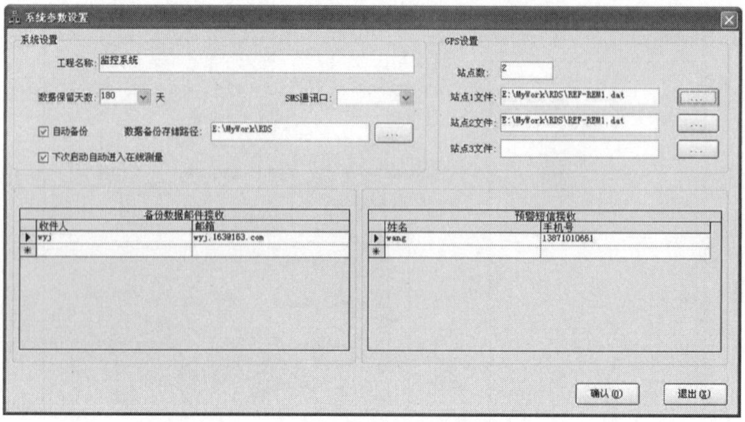

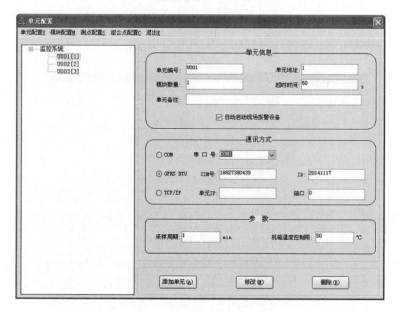

图 5-37　邮箱及短信地址设置界面

图 5-38　数据通信参数设置界面

　　数据后处理软件接收监测数据后,在数据库中自动保存,通过数据管理模块界面可以查询历史监测数据、数据曲线等信息。历史监测数据与数据曲线显示界面如图 5-40 所示。

5.6.3.4　系统运行状态自检与预警功能测试

　　系统运行状态模块的自检功能包括数据后处理软件与监测单元(可移动式边坡工程安全监测模块)间的通信状态、监测单元的机箱温度监测、风扇启动状态、现场报警设备启动状态等。系统运行状态显示界面见图 5-41。基于测试结果可知,系统运行状态模块各项功能正常。

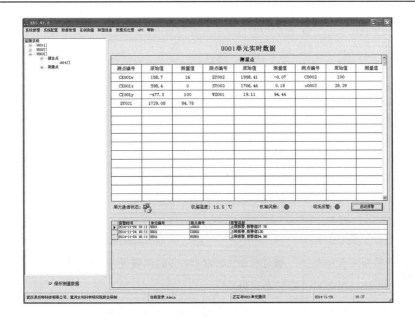

图 5-39　实时监测数据与通信状态显示界面

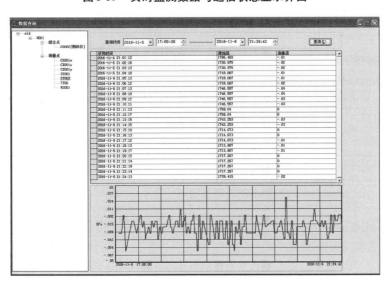

图 5-40　历史监测数据与数据曲线显示界面

5.6.4　系统测试结果

根据《土石坝安全监测技术规范》(SL 551—2012)、《大坝安全监测自动化系统实用化要求及验收规程》(DL/T 5272—2012)的相关规定,可移动式边坡工程安全监测模块及后处理软件的测试结果见表 5-8。

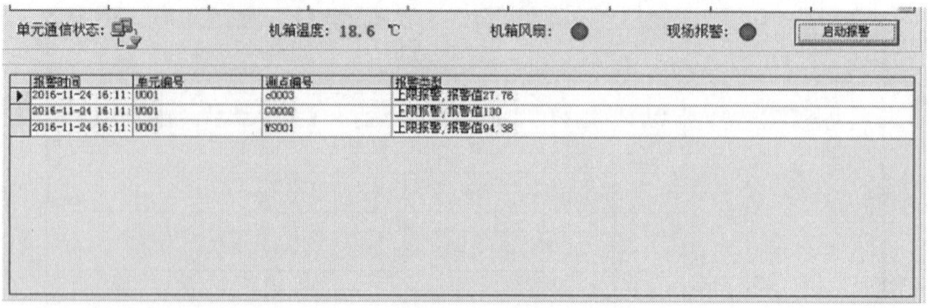

图 5-41　系统运行状态显示界面

表 5-8　系统功能指标测试结果

序号	类别	功能指标	测试结果	说明
1	功能要求	数据采集方式	■可自动巡测■可人工选测■可对测点进行远程采集	
		现场通信	□单向■双向	
		数据处理	□单测点换算■多测点换算□随测随换算	
		其他读数方式	■用便携机在测控单元读数□用小键盘在测控单元读数□通过独立端口人工比测	
		硬件诊断和报警	■测控单元供电■测控单元状况■通信□监测仪器状况□其他	
		测值超限处理	■报警□重测□纠错,纠错方式____	
		系统维护	■可扩充■可删减■硬件可维修■硬件可更换■参数可设置和调整	
		信息交换	■可按大坝运行安全信息报送方法要求发送监测信息□可发送主管部门□其他____	
		数据采集方式	■可自动巡测■可人工选测■可对重要测点进行远程采集	
		数据查询	■可查询■数据可图示■数据可导出	
		报表制作	■可由用户定制表格■周报■月报■季报■年报□任意时段通用表格	
		数据整编	■基本资料表■单点整编表■多点整编表□整编图	
		电源管理	■自动切换■在外部电源突然中断时,保证数据和参数不丢失□蓄电池自动充电	
		安全保护	■多级用户权限□软防火墙□硬防火墙	
		长期稳定性	■好□较好□一般□较差□差	

续表 5-8

序号	类别	功能指标	测试结果	说明
2	性能要求	防雷	■好□较好□一般□较差□差	单通道防雷
		防潮	■好□较好□一般□较差□差	具备工程塑料保护箱
		防锈	■好□较好□一般□较差□差	
		防小动物	□好■较好□一般□较差□差	
		抗振	■好□较好□一般□较差□差	
		抗电磁干扰	■好□较好□一般□较差□差	电路中采用光电隔离
		扩展性	■好□较好□一般□较差□差	可作为监测数据采集系统子模块
		数据掉电保护	■好□较好□一般□较差□差	数据实时存储
		硬件维护便捷性	■好□较好□一般□较差□差	
		软件的稳定性	■好□较好□一般□较差□差	
		软件的规范性	■好□较好□一般□较差□差	采用模块化的设计,软件使用便捷
		软件的便捷性	■好□较好□一般□较差□差	
		数据的连续性	■好□较好□一般□较差□差	
		采集装置数据线连接块是否方便现场检修或更换	■方便□较方便□一般□不方便	采用 RS485 标准接口,便于检修更换
		采集装置的机箱空间是否方便检查和维护	■方便□较方便□一般□不方便	模块各部件拆卸简便
3	系统要求	有效数据缺失率 FR	0.2%	根据 720 h 测试结果估算
		年平均故障工作时间 MTBF	—	测试时间未达到要求
		平均维修时间	—	
		人工比测偏差	■好□较好□一般□较差□差	根据手持式读数仪结果进行比对
		连续 15 次读数中误差	■好□较好□一般□较差□差	

5.7　小　结

（1）研制了一套可移动式边坡工程安全监测模块及数据后处理软件，由此组成的边坡工程安全监测系统可组建 1 拖 N 式的监测结构，实现模拟信号—数字信号的就近转换；通过设计人机交互界面及其后处理程序，实现系统参数的现场设置、查询以及系统的多模态工作模式切换；设计多种供电方式与通信方式。基于以上设计，有效地解决了目前边坡工程安全监测中存在的信号衰减、供电与通信不便、续航时间短、建设成本高等问题。

（2）选取张家港市长江堤防 V6 + 041 断面开展现场测试，通过布设传感器、监测设备安装及调试等工作，建立了完整的边坡工程安全监测系统；基于连续观测试验，验证了可移动式边坡工程安全监测模块性能的稳定性和可靠性；通过数据处理与分析，测试了数据后处理软件各模块功能，验证了监测数据的准确性及合理性。试验结果表明，可移动式边坡工程安全监测模块及其数据后处理软件能够适应外界恶劣环境，满足边坡工程安全监测预警的需要。可适当选取南水北调中线工程部分渠道开展现场监测，从而确保调水工程安全运行。

（3）受限于测试时间和测试条件，部分指标的测试不完善，包括：系统无故障工作时间测试的试验时间不能满足规范要求；防雷测试需要委托专业的测试机构进行测试，且费用昂贵，未能对可移动式边坡工程安全监测模块进行整体测试；未能逐一比对监测数据与实际物理量的对应关系；设备测试的外部环境无法完全模拟实际工程情况。因此，室内测试的结果存在一定的局限性。可移动式边坡工程安全监测模块的数据后处理软件目前的功能较为基础，能够完成监测数据的接收、处理、存储、计算图表及警报信息发送，但基于基础数据的综合分析并建立边坡工程的安全预警模型方面的研究需要进行更深入的研究。

第 6 章　材料物性变化下边坡工程安全系数计算模型研究

6.1　概　　述

边坡工程稳定性分析是边坡安全监控系统的重要组成部分,是边坡工程安全管理的关键。目前,国内外边坡稳定分析与安全评价时,基本上是考虑水位、温度及时效等因素的影响,建立统计模型、确定性模型和混合模型来进行分析与评价,其中经验公式法、有限单元法等是常用的方法。土的抗剪强度指标是地基承载力、土坡和路基稳定性评价的基础。许多实际工程的边界条件非常复杂,求解和测定孔隙水压力异常困难,大部分工程设计中主要采用总应力强度指标。实际上,土的抗剪强度由有效应力决定,并随着剪切面上法向有效应力或孔隙水压力的改变而变化。法向有效应力或孔隙水压力与试样在整个试验过程中孔隙水压力的消散程度有关,土的抗剪强度应该采用有效应力法来计算。目前的边坡工程稳定安全系数计算模型未考虑浸润面及材料物性指标变化的影响,与实际情况不符,影响分析精度。

6.2　基于材料物性变化的边坡土体强度指标计算公式

6.2.1　土体有效应力强度指标计算公式

土的抗剪强度指标是地基承载力、土坡和路基稳定性评价的基础。许多实际工程的边界条件非常复杂,求解和测定孔隙水压力异常困难,大部分工程设计中主要采用总应力强度指标。实际上,土的抗剪强度由有效应力决定,并随着剪切面上法向有效应力或孔隙水压力的改变而变化。法向有效应力或孔隙水压力与试样在整个试验过程中孔隙水压力的消散程度有关,土的抗剪强度应该采用有效应力法来计算。

黏土在我国分布非常广泛,是堤坝、公路、铁道、土建等工程中经常遇到的土类之一。黏土可分为低液限黏土、高液限黏土。土的有效应力强度指标受土的组成、结构、孔隙比、排水条件、应力历史、荷载形式、土中应力、时间、温度等诸多因素的影响,因非饱和土性质的复杂性,需用高精度的设备获取相关强度参数,试验难度大。目前,基于有效应力强度指标的非饱和土抗剪强度变化规律的研究成果,多集中于非饱和土黏聚力、内摩擦角受含水率的影响,而较少考虑密度的影响;目前,尚未建立基于含水率与干密度的非饱和土有效应力强度计算公式。鉴于此,以某土样开展常规三轴固结排水剪(CD)试验,探讨含水率、干密度对抗剪强度的影响,据此提出黏土有效强度指标计算公式。

$$\tau = c' + \sigma' \tan\varphi' \tag{6-1}$$

式中：σ' 为破坏面上的法向有效应力；c' 为有效黏聚力；φ' 为有效内摩擦角。

6.2.2 土体有效强度试验方法与成果

6.2.2.1 试验土样

试验土样取自小浪底水库 1#、2# 滑坡体边坡。在每个滑坡体上选取 4 个样本点，取样位置一般在距表面深 1.0 m 以下。取样时，以箱取方块体原状样，以袋取散状样。试验时，取土体原状样、饱和样及不同密度、含水率的制备样开展试验。室内试验表明，所取 2 个滑坡体的土样均是低液限黏土。

6.2.2.2 试验方法

试验时，利用所取土体的原状样，通过人为控制土样的状态，制备不同干密度、含水率的土样进行三轴 CD 试验，探讨含水率、干密度与有效应力强度指标之间的关系及其规律。

6.2.2.3 试验成果

取小浪底 1#、2# 滑坡体的黏土进行三轴 CD 试验，得出不同干密度、含水率状态下的土体有效应力抗剪强度指标如表 6-1 所示。

表 6-1 土样有效应力强度指标试验成果

样本	干密度（g/cm³）	含水率（%）	湿密度（g/cm³）	比重 G_s	孔隙比 e	饱和度（%）	黏聚力（kPa）	内摩擦角（°）
1# 边坡	1.41	13.0	1.59	2.7	0.9179	38.24	23.3	26.9
	1.41	17.0	1.65	2.7	0.9169	50.06	22.3	26.1
	1.41	22.0	1.72	2.7	0.9169	64.78	14.9	25.3
	1.41	36.7	1.85	2.7	0.9907	100.00	12.4	24.2
	1.53	13.0	1.73	2.7	0.7640	45.94	31.1	27.9
	1.53	17.0	1.79	2.7	0.7640	60.08	26.5	26.8
	1.53	22.0	1.87	2.7	0.7640	77.75	18.2	26.3
	1.53	30.4	1.93	2.7	0.8208	100.00	17.7	26.1
2# 边坡	1.38	10.0	1.52	2.7	0.9600	28.13	25.0	28.1
	1.38	15.0	1.58	2.7	0.9594	42.22	19.4	25.6
	1.38	20.0	1.65	2.7	0.9600	56.25	12.1	25.1
	1.38	36.6	1.86	2.7	0.9881	100.00	8.5	24.6
	1.53	10.0	1.68	2.7	0.7640	35.34	35.1	28.9
	1.53	15.0	1.76	2.7	0.7640	53.01	25.1	23.3
	1.53	20.0	1.84	2.7	0.7640	70.68	18.0	25.7
	1.53	30.6	1.93	2.7	0.8255	100.00	12.2	24.9

6.2.3　基于材料物性变化的黏土有效强度指标公式

6.2.3.1　黏土抗剪强度影响因素分析

根据表 6-1 整理含水率(饱和度)、干密度对土壤有效强度指标的影响情况如图 6-1 所示。

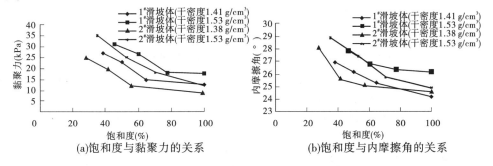

(a)饱和度与黏聚力的关系　　　　　　　(b)饱和度与内摩擦角的关系

图 6-1　有效应力强度指标试验成果

由图 6-1(a)可知,对同一土壤,土壤黏聚力随着含水率(饱和度)的增大而减小,且在含水率(饱和度)较低时,减少幅度相对较大,当土壤含水率较高时,减少幅度相对较小。小浪底 1#、2#滑坡体土样试验成果的基本规律一致。土壤黏聚力与土样的密度密切相关。在相同含水率条件下,干密度为 1.38 g/cm³ 或 1.41 g/cm³ 时的黏聚力与内摩擦角均比干密度为 1.53 g/cm³ 时的低;土样的干密度越大,相应的黏聚力也越大。

由图 6-1(b)可知,对同一土壤,土壤内摩擦角随着含水率(饱和度)的增大而减小,且在含水率较低时,减少幅度相对较大,当土壤含水率较高时,减少幅度相对较小。上述 2 种土样的试验结果一致。土壤内摩擦角与土样的密度密切相关。在相同含水率条件下,土样的干密度越大,相应的土壤内摩擦角也越大。

黏土抗剪强度指标随着含水率(饱和度)、干密度变化规律可解释为:土壤含水率增大时,土壤的基质吸力降低,土颗粒之间的黏结作用力减弱,加之水分的润滑作用,导致土壤抗剪强度指标下降。对同种土壤,当干密度增加时,土颗粒经压密后,土颗粒之间的空隙减少,土颗粒之间的相互作用力增强,从而导致土壤抗剪强度指标提高。

6.2.3.2　非饱和黏土有效强度指标计算公式

由上述可知,黏土抗剪强度与土壤含水率(饱和度)及密度密切相关,受 2 个因素及其交互作用的影响。根据图 6-1,可假定土壤黏聚力、内摩擦角与含水率(饱和度)成二次曲线或线性关系,土壤黏聚力、内摩擦角与干密度成线性关系。考虑到二者的交互影响,将两个影响因子按乘法效应进行组合,导出黏土有效应力强度指标公式形式如下:

$$c' = k_1\rho_d S^2 + k_2\rho_d S + k_3 S^2 + k_4\rho_d + k_5 S + k_6 \tag{6-2}$$

$$c' = k_1\rho_d S + k_2\rho_d + k_3 S + k_4 \tag{6-3}$$

$$\varphi' = k'_1\rho_d S^2 + k'_2\rho_d S + k'_3 S^2 + k'_4\rho_d + k'_5 S + k'_6 \tag{6-4}$$

$$\varphi' = k'_1\rho_d S + k'_2\rho_d + k'_3 S + k'_4 \tag{6-5}$$

式中:ρ_d 为土壤的干密度;S 为饱和度,以含水率作为影响因子时,将式中饱和度 S 换成含水率 ω 即可;$k_1 \sim k_6$、$k'_1 \sim k'_6$ 为待定系数。

根据表6-1,利用式(6-2)~式(6-5)进行拟合,采用最小二乘法,拟合小浪底 1#、2# 滑坡体试验土样的总强度指标计算公式如下(R 为拟合公式的相关系数):

$$c' = 0.003\,2\rho_d S^2 - 1.254\,3\rho_d S - 0.000\,6k_3 S^2 +$$
$$128.755\,8\rho_d + 1.004\,8S - 133.832\,0 \quad R = 0.960\,3 \tag{6-6}$$

$$c' = -0.637\,6\rho_d S + 96.819\,4\rho_d + 0.670\,8S - 104.319\,5 \quad R = 0.925\,8 \tag{6-7}$$

$$\varphi' = -0.002\,2\rho_d S^2 + 0.208\,6\rho_d S + 0.004\,2k_3 S^2 +$$
$$8.627\,3\rho_d - 0.480\,2S + 20.406\,0 \quad R = 0.963\,0 \tag{6-8}$$

$$\varphi' = -0.051\,0\rho_d S + 13.148\,0\rho_d + 0.029\,8 + 9.892\,0 \quad R = 0.898\,3 \tag{6-9}$$

由式(6-6)~式(6-9)可知,利用式(6-2)~式(6-5)进行有效应力强度指标公式拟合时,相关系数均达到 0.88 以上,均为高度相关。黏聚力、内摩擦角均随着土壤饱和度、干密度的增加而增加,说明拟合函数与试验结果相符,表明二者共同作用的影响可按乘法效应进行组合。

由式(6-6)~式(6-9)中黏聚力、内摩擦角公式的相关系数对比可知,采用式(6-2)、式(6-3)导出的公式相关系数相对较高,达 0.95 以上。可见,黏聚力、内摩擦角与含水率(饱和度)的关系更接近二次曲线,可见,黏聚力、内摩擦角与含水率成二次函数关系的假定成立,因而黏聚力、内摩擦角采用式(6-6)、式(6-8)更为合理。

6.3　边坡工程安全系数计算模型研究

边坡防护设计时,控制设计的主要危险水力条件为:水位下降时的边坡,蓄水过快的边坡,降水饱和的边坡,边坡稳定性分析时,根据渗流分析确定边坡孔隙水压力的分布,将其渗流场作为边坡稳定分析的地下水位,以考虑水位升降及降水等因素的影响。

当考虑土体的非饱和特性时,土的抗剪强度按非饱和土的抗剪强度公式计算:

$$\tau_f = c' + (\sigma_n - u_a)\tan\varphi' + (u_a - u_w)\tan\varphi^b \tag{6-10}$$

式中:τ_f 为破坏时的剪应力;c' 为有效黏聚力;σ_n 为法向应力;u_a 为孔隙气压力;u_w 为孔隙水压力;φ' 为有效内摩擦角;φ^b 为由基质吸力确定的内摩擦角。

裂缝对边坡稳定性的影响考虑方法如下:

(1)假定裂缝区的土体不存在抗剪强度。

(2)裂缝区的滑动面由竖直线加圆弧线组成,其垂直张拉深度由最小化原则确定。

(3)裂缝区的土重成为作用于边坡圆弧滑动面顶部的超载。

(4)裂缝中的水按作用于垂直面上的静水压力计算。

(5)水在土中的渗流按饱和—非饱和渗流问题考虑。

裂缝区形状和确定原则:裂缝区的形状以假定裂缝深度为标准,其裂缝深度以上的土体均为裂缝区,即裂缝区为库岸裂缝底端与顶端水平面之间的梯形断面区域。裂缝区确定原则是根据分析堤段裂缝的实际深度调查情况,适当选取裂缝深度。

由于边坡稳定受土体力学参数,特别是强度参数的影响。当水位变化时,边坡的浸润面发生变化,部分土体发生干湿变化,其土体的力学参数也发生变化,特别是抗剪强度指标,随着土质含水率的变化而显著改变。据此,可提出边坡稳定分析修正计算模型如下:

在极限平衡法中,边坡安全系数即为抗滑力与滑动力的比值。据此,边坡安全系数 F 可定义如下:

$$F = \frac{\tau_f}{\tau} \tag{6-11}$$

式中:τ_f 为土的抗剪强度;τ 为土的剪切力。

当考虑土的抗剪强度指标随着土质干密度、含水率的变化而变化时,即可定义边坡的土的抗剪强度 τ_f、土的剪切力 τ 为土质干密度、含水率的函数,即

$$\tau_f = \tau_f(\rho_d, \omega) \tag{6-12}$$

$$\tau = \tau(\rho_d, \omega) \tag{6-13}$$

将上式代入式(6-11),可得边坡安全系数为

$$F = \frac{\tau_f(\rho_d, \omega)}{\tau(\rho_d, \omega)} \tag{6-14}$$

定义土质抗剪强度指标(黏聚力、内摩擦角)均为土质干密度、含水率的函数,据此可以确定边坡安全系数。将此函数关系代入 Bishop 法、Morgenstern – Prince 法等计算公式中即可确定边坡的安全系数。

6.4　基于 GeoStudio 与 C#的边坡工程安全系数计算程序开发

6.4.1　概述

常规的边坡稳定性分析中没有考虑到 c、φ 随着土体含水率的变化,而是采用一个固定值,因此其结果不符合实际;或者对非饱和土边坡考虑了非饱和土抗剪强度随着土体饱和度的变化而变化,但非饱和土抗剪强度的获得比较困难,需要进行水土特性曲线等试验,其试验较复杂,试验设备也较昂贵,一般工程单位均没有该设备。而土体的 c、φ 随着土体含水率的变化的关系通过常规直接剪切试验即可得出。因此,开发出 c、φ 随着含水率的变化的边坡稳定性分析程序可以避免采用非饱和土强度来分析边坡稳定性的困难。

基于 Visual C# 2005 对 GeoStudio 岩土分析软件中的 SLOPE/W 模块进行了二次编程开发,考虑土坡中 c、φ 随着外界条件或者含水率变化而变化,从而使边坡稳定性评价更符合实际。

6.4.2　二次开发步骤

GeoStudio 2007 程序本身不能考虑土体参数 c、φ 值随着外界因素或者土体含水率的变化而变化,所以必须用 C#语言进行二次开发。代码必须被编译一个.NET 程序集,并放置在一个已知的地址以供 SLOPE/W 模块使用。GeoStudio 扫描两个外接程序的目录:第一个"外接程序"目录是在 Geo Studio 二进制文件中安装以及第一个"外接程序"目录页视图当作 GeoStudio 产品的一部分用于核心外接程序的安装。第二个外接程序的目录是自定义的外接程序应该放在哪里,在默认的情况下,虽然这些是储存在当前用户的"外接程序"数据目录,但是要通过工具选项对任何目录进行设置——GeoStudio 的工具—选项

界面(见图6-2)。

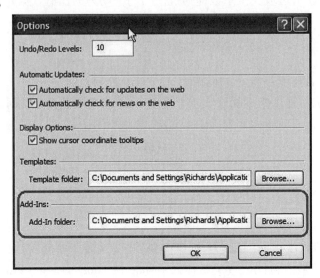

图6-2 GeoStudio 工具—选项界面

步骤1:进入 GeoStudio 软件,点击 SLOPE/W 进入 SLOPE/W 使用界面(见图6-3)。

图6-3 SLOPE/W 使用界面

步骤2:建立几何模型,在 KEYIN 中输入材料参数(见图6-4)。

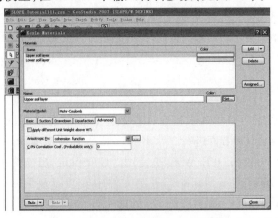

图6-4 在 KEYIN 中输入材料参数

步骤 3：输入空间变异性函数界面（见图 6-5）。

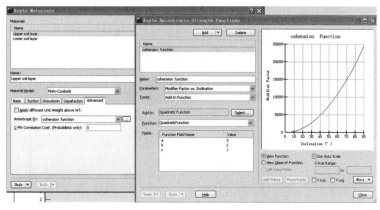

图 6-5　输入空间变异性函数界面

步骤 4：点击 Parameters 的下拉菜单，选中 Add-In Function（见图 6-6）。

Name:	cohension function	
Parameters:	Modifier Factor vs. Inclination	
Types:	Add-In Function	
Add-In:	Quadratic Function	Select...
Function:	QuadraticFunction	
Fields:	Function Field Name	Value
	a	3
	b	2
	c	1

图 6-6　选中 Add-In Function

步骤 5：点击"Select"按钮，选取下拉菜单中附加函数（见图 6-7）。

步骤 6：在 Function 里选取函数类型（见图 6-8）。

步骤 7：输入相关参数，可以看到相关曲线图（见图 6-9）。

6.4.3　基于 Visual C# 2005 的 c、φ 变化的二次开发程序

假设 c、φ 值与含水率关系如下：

$$c = a\theta_{\mathrm{w}}^2 - b\theta_{\mathrm{w}} + c_0 \tag{6-15}$$

$$\varphi = d\theta_{\mathrm{w}}^2 + f\theta_{\mathrm{w}} + g \tag{6-16}$$

式中：θ_{w} 为体积含水率；a、b、c_0、d、f、g 为试验参数。

函数代码按上式进行编制，代码是基于 C# 上面开发的，要与 GeoStudio 中连接。需要点击 asaddin. cmd。c、φ 值也可以采用其他的表达式。

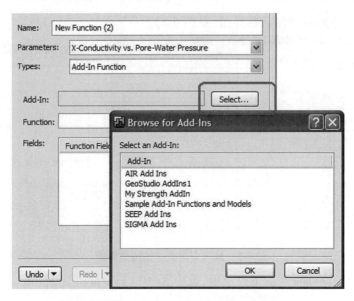

图 6-7　选取下拉菜单中附加函数

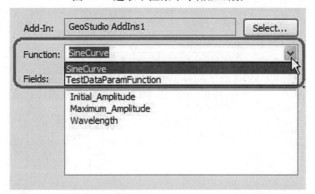

图 6-8　在 Function 里选取函数类型

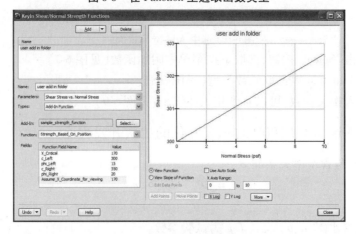

图 6-9　绘制的相关曲线图

6.4.3.1　黏聚力随含水率变化函数代码

```
using System;
public class CohesiveForceFunction1 : Gsi. Function
{
    // Here is the list of variables you want to enter using the KeyIn Function
    // dialog. All public variable s are seen as fields in the KeyIn Function
    // dialog.
    public double a;
    public double b;
    public double c;

    // this is the main function calculator
    public double Calculate( double θ¨)
    {
        double y;            // declare the variable to return to the solver
        double d,f;          // Working variables.

        try
        {
            θ¨ = GetParam( Gsi. DataParamType. eVolWC);
        }
        catch

        {
            θ¨ = 1;
        }

        d = a * θ¨ * θ¨;
        f = b * θ¨; // phase shift

        // calculate the value to return
        y = d + f;

        y = d + f + c;

        // return the function Y value
        return( y);
    }
}
```

6.4.3.2 内摩擦角随含水率变化函数代码

```csharp
using System;
public class AngleOfInternalFrictionFunction1 : Gsi. Function
{
    // Here is the list of variables you want to enter using the KeyIn Function
    // dialog. All public variable s are seen as fields in the KeyIn Function
    // dialog.
    public double a;
    public double b;
    public double c;

    // this is the main function calculator
    public double Calculate( double θ¨)
    {
        double φ?;              // declare the variable to return to the solver
        double d,f;             // Working variables.

        try
        {
            θ¨ = GetParam( Gsi. DataParamType. eVolWC);//调用库类函数
        }
        catch
        {
            θ¨ = 1;
        }

        d = a * θ¨ * θ¨;
        f = b * θ¨; // phase shift

        // calculate the value to return
        φ? = d + f;

        φ? = d + f + c;

        // return the function φ? value
        return ( φ?);
    }
}
```

6.5　基于 c、φ 值随含水率变化的边坡稳定性分析案例

案例是一个简单边坡,上下层土密度为 18 kN/m³,黏聚力为 5 kPa,内摩擦角为 25°。中层土密度为 15 kN/m³,黏聚力为 5 kPa,内摩擦角为 20°。

根据江西省非饱和土强度特性研究,可知土的黏聚力和内摩擦角与含水率关系满足下列关系式:

$$c = a\theta_w^2 - b\theta_w + c_0 \tag{6-17}$$

$$\varphi = d\theta_w^2 + f\theta_w + g \tag{6-18}$$

$$\theta_w = w\rho_d/\rho_w \tag{6-19}$$

将上式按体积含水率表示,表达式如下:

$$c = -0.002\,76\theta_w^2 - 0.112\,8\theta_w + 89.444 \tag{6-20}$$

$$\varphi = -0.004\,95\theta_w^2 + 1.266\,7\theta_w + 26.448 \tag{6-21}$$

土坡含水率通过渗流分析可以得出,在边坡稳定性分析中可以直接调用。

根据《水利水电工程边坡设计规范》(SL 386—2007)相关规定,采用瑞典圆弧法针对边坡进行了三种工况的计算,分别是固定黏聚力和内摩擦角工况、考虑黏聚力随含水率变化工况、考虑内摩擦角随含水率变化工况。

图 6-10 是不考虑黏聚力和内摩擦角随着含水率变化边坡稳定性,此时 $K_s = 1.142$。

图 6-11 是 silty clay(粉质黏土)层考虑黏聚力变化边坡稳定性,此时 $K_s = 1.343$。

图 6-12 是 silty clay 层考虑内摩擦角变化边坡稳定性,此时 $K_s = 1.285$。

计算结果表明,黏聚力、内摩擦角随含水率变化工况稳定性系数均大于采用固定 c、φ 值工况的稳定性系数,在含水率变化的土体边坡稳定性分析过程中,规范中采用的瑞典圆弧法固定 c、φ 值的设计方法偏于保守。

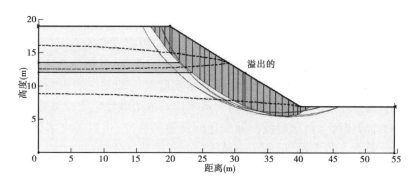

图 6-10　边坡示意及稳定分析

通过上述分析可以看出,考虑 c、φ 随着含水率的变化后,边坡安全系数也会发生变化,在常规的边坡稳定性分析中没有考虑到 c、φ 的变化,而是采用一个固定值,因此其结果不符合实际。

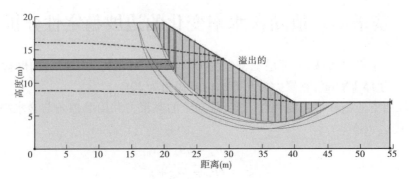

图 6-11　考虑黏聚力变化边坡稳定分析

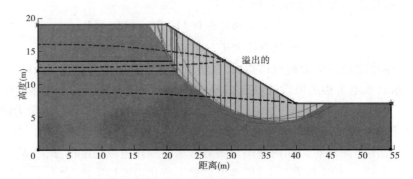

图 6-12　考虑内摩擦角变化边坡稳定分析

6.6　小　结

（1）在分析现有非饱和土强度理论的基础上，利用三轴 CD 试验探讨黏土的有效强度随含水率、干密度的变化规律；采用最小二乘法建立了考虑含水率（饱和度）、干密度影响的有效应力强度指标计算公式。研究成果可为工程应用提供参考。

（2）针对边坡稳定与浸润面变化及材料密实度密切相关，材料参数为常量的边坡稳定安全系数计算模型，不能反映水位变化及材料密实度对边坡安全的影响，引入干密度、含水率影响函数，建立了考虑土质干密度与含水率影响的边坡稳定安全系数计算模型，能描述边坡土体的抗剪强度参数随着浸润面变化而调整的特征，可以考虑水位变化对边坡稳定性的影响，更符合工程实际，适用于边坡水位处于经常变化的特点。

（3）基于 Visual C# 2005 对 GeoStudio 岩土分析软件中的 SLOPE/W 模块进行了二次编程开发，开发出内摩擦角、黏聚力随着含水率的变化的边坡稳定性分析程序，考虑土坡中内摩擦角、黏聚力随着外界条件或者含水率变化而变化，可以避免采用非饱和土强度来分析边坡稳定性的困难，从而使边坡稳定性评价更符合实际。

（4）边坡稳定安全系数计算模型已成功应用至中国地质大学（北京）、华北水利水电大学的边坡稳定性、工程安全鉴定与安全评价中；研究成果已被中国科学院、军队、铁路、交通、电力及建设等其他行业引用，取得了好的效果。

第 7 章　随机与模糊参数下边坡工程安全预测评估的信息融合方法

7.1　概　述

影响边坡稳定性的因素主要有内在因素和外部因素两个方面。内在因素包括组成边坡的地貌特征、岩土体的性质、地质构造、岩土体结构、岩体初始应力等。外部因素包括水的作用、地震、岩体风化程度、工程荷载条件及人为因素。内在因素对边坡的稳定性起控制作用，外部因素起诱发破坏作用。边坡稳定性分析与评价的目的，一是对与工程有关的天然边坡稳定性做出定性和定量评价，二是要为合理地设计人工边坡和边坡变形破坏的防治措施提供依据。边坡稳定性分析评价的方法主要有定性分析法［包括地质分析法（历史成因分析法）、工程地质类比法、图解法、专家系统法等］、定量分析方法（包括极限平衡法和数值分析方法］。

极限平衡法没有传统的弹、塑性力学那样引入应力—应变关系来求解本质上为静不定的问题，而是直接对某些多余未知量作假定，使得方程式的数量和未知数的数量相等，因而使问题变得静定可解。根据边坡破坏的边界条件，应用力学分析的方法，对可能发生的滑动面，在各种荷载作用下进行理论计算和抗滑强度的力学分析，通过反复计算和分析比较，对可能的滑动面给出稳定性系数。刚体极限平衡分析方法很多，在处理上，各种条分法还在以下几个方面引入简化条件：

（1）对滑裂面的形状做出假定，如假定滑裂面形状为折线、圆弧、对数螺旋线等。

（2）放松静力平衡要求，求解过程中仅满足部分力和力矩的平衡要求。

（3）对多余未知数的数值和分布形状做假定。该方法比较直观、简单，对大多数边坡稳定的评价结果比较令人满意。该方法的关键在于对滑动体的范围和滑动面的形态进行分析，正确选用滑动面计算参数，分析滑动体的各种荷载。基于该原理的方法很多，如条分法、圆弧法、Bishop 法、Janbu 法、不平衡传递系数法等。

由于受客观条件和人类认识自然能力的限制，并且参数在实际情况中是动态变化的，所以参数的取值往往呈现出多种形式的不确定性，对于某些输入参数，可将其建模为随机变量，所以基于概率统计的方法已经在边坡稳定性评估中得到深入的研究，并逐渐发展形成了概率岩土学，但边坡模型往往较为复杂，用概率分析方法无法直接得出确定的解析形式，只能通过一些数值分析的方法对评估结果进行解释，如蒙特卡罗法等，但是这些方法也存在着很多不足。蒙特卡罗法根据稳定性判别函数输入参数的统计值，由判别函数表达式求得输出函数值的随机样本。如此重复，得到达到预期精度的仿真次数 N，并得到 N 个相对独立的函数样本值，利用这些样本值求得输出函数的概率统计信息，据此判断边坡是否稳定。蒙特卡罗法最大的不足是计算量较大，一般要达到上百万次。实际上，在参数样本不充足的情况下,输入参数的随机统计特性难以精确确定,专家可以根据自身的经验,对参数变化的不确定性用模糊隶属度函数给予描述,此时,参数就具有模糊不确定性。不同的专家可能会给出不同的隶属度函数来描述同一个参数的不确定性,然后就可以用随机集的建模方法对它们进行综合处理。

针对参数具有随机不确定性的特点,基于 pignistic 概率给出了一种新的边坡稳定性评估方法。首先根据随机集的方法,将两个用随机集表示的随机参数通过扩展准则映射到输出;然后将输出随机集用 TBM 方法将其转换为 pignistic 概率,最后用 pignistic 概率的累积概率分布曲线对边坡稳定性进行评估,在评估效果相当的情况下,基于 pignistic 概率的边坡稳定性评估方法的计算量远远小于直接用蒙特卡罗法的计算量。针对参数具有模糊不确定性的情况,给出了基于模糊集理论与随机集理论的信息融合方法评估边坡的稳定性。

7.2　随机参数下基于证据理论可传递信度函数的边坡工程稳定性分析方法研究

7.2.1　实数域上的可传递信度模型

TBM 是将信度函数(belief function)转换为 Pignistic 概率形式,并用其表示对信度的支持程度。也就是说,当信度(belief)被用来决策时,就要将其转化为决策框架下的 Pignistic 概率。在实数框架下,信度(belief)在信度层(credal state)是用基本信度密度 bbd (basic belief densities)表示的。

7.2.1.1　信度函数(belief function)

信度函数(belief function) $\mathrm{bel}^{\Omega}([a,b])$ 表示的是所有可用的证据对区间 $[a,b]$ 的可被证实支持度,它可以通过式(7-1)确定

$$\mathrm{bel}^{\Omega}([a,b]) = \int_a^b \int_x^b m^{\Omega}([x,y])\mathrm{d}y\mathrm{d}x \tag{7-1}$$

这里的可被证实的支持意味着 $\mathrm{bel}^{\Omega}([a,b])$ 仅仅包含了明确的指派给了子集 $[x,y]\subseteq [a,b]$。

7.2.1.2　Pignistic 概率密度函数及分布函数

当模型参数的实际值从信度函数转换为 Pignistic 概率形式后,它们就可以由 Pignistic 分布函数表示,假设 $m^{\Omega}([a,b])$ 为一个已经标准化了的 bbd, $[-\infty, +\infty]\in\Omega$,Pignistic 概率密度由下式表示

$$\mathrm{Bet}f(a) = \lim_{\varepsilon\to 0}\int_{-\infty}^a \int_{a+\varepsilon}^{\infty} (\frac{1}{y-x})m^{\Omega}([x,y])\mathrm{d}y\mathrm{d}x \tag{7-2}$$

这里,Bet 是一个表示 Pignistic 变换的符号。

在离散情况下,Pignistic 概率密度函数可以表示为

$$\mathrm{Bet}f(x) = \sum_{\mathrm{all}\ i}\frac{I(x,[a_i,b_i])}{b_i-a_i}m^{\Omega}([a_i,b_i]) \tag{7-3}$$

这里,当 $x \in [a,b]$,指示函数 $I(x,[a,b]) = 1$;当 $x \notin [a,b]$, $I(x,[a,b]) = 0$ 。

得到 Pignistic 概率密度函数后,类似于经典概率理论,Pignistic 累积概率分布函数可以表示如下

$$BetF(a) = \int_{-\infty}^{a} Betf(x)\mathrm{d}x = BetP([-\infty,a]) \tag{7-4}$$

这里 $BetP([-\infty,a])$ 表示真实值落在区间 $[-\infty,a]$ 内的 Pignistic 概率。

7.2.1.3　Pignistic 概率期望函数

根据式(7-3)Pignistic 概率密度函数的定义,可以得出 Pignistic 概率期望函数

$$E(g) = \sum_{i} \frac{m([a_i,b_i])}{b_i - a_i} \int_{a_i}^{b_i} g(x)\mathrm{d}x \tag{7-5}$$

特殊情况下,当 $g(x) = x$ 时,均值可由下式计算

$$mean = \sum_{i} m([a_i,b_i])(a_i + b_i)/2 \tag{7-6}$$

这里的概率期望函数的概念类似于经典概率里的期望函数,因此由式(7-6)计算出的均值可以作为 x 的函数值的均值近似。

7.2.2　基于失效概率的边坡稳定性安全系数分析模型

设边坡稳定性判别函数为

$$FS = \frac{h(u_1,\cdots,u_n)}{l(u_1,\cdots,u_n)} \tag{7-7}$$

式中: FS 为边坡稳定性系数; $h(u_1,\cdots,u_n)$ 为阻滑力; $l(u_1,\cdots,u_n)$ 为下滑力; $u_1,\cdots,u_n$ 为决定下滑力和阻滑力的参数值,记 $u = (u_1,\cdots,u_n)$ 。

通常给定第 k 个参数的标称值 u_{k_0} 和公差给定值 $\pm\Delta u_k$,即说明 u_k 的可能取值范围为

$$I_k = [u_{k\_0} - \Delta u_k, u_{k\_0}, u_{k\_0} + \Delta u_k] \tag{7-8}$$

一般的处理方法是:取 u_k 为随机变量,并假设它服从正态分布,应当指出,在某些情况下,参数 u_k 不一定服从正态分布,也可以是其他分布,这要视具体情况而定。在把各参数 u_k 视为随机变量的情况下,判别函数的值 v 也必为随机变量,判别规则如下:

(1)如果 $FS < 1$,边坡是不稳定的。

(2)如果 $FS > 1$,边坡是稳定的。

(3)如果 $FS = 1$,边坡处于临界稳定状态。

边坡结构体失效的概率可以定义为

$$Pro_{\text{fail}} = Pro(FS < 1) \tag{7-9}$$

一般情况下,当它的失效概率小于某极限值时,就可以得出边坡是稳定的结论

$$Pro_{\text{fail}} < Pro_{\text{lim}} \tag{7-10}$$

如果输入 u 的概率统计特性已知,则可以求取稳定性系数 FS 的累积分布 $F_{FS}(1)$,并用 $F_{FS}(1)$ 来代替边坡的失效概率,即

$$Pro_{\text{fail}} = F_{FS}(1) \tag{7-11}$$

7.2.3 利用 Pignistic 概率分析边坡稳定性

这里我们将提出一种更加简单的方法:首先利用随机集的扩展准则并结合边坡稳定性判别函数模型,将描述 u 的随机集 (F,m) 映射到输出随机集 (R,ρ),然后利用实数域下的 TBM 变换将 (R,ρ) 转化为 Pignistic 概率,最后进一步得到 Pignistic 概率累积分布,并用其对边坡稳定性进行评估。该方法实施步骤如下。

7.2.3.1 输入随机集 (F,m) 和输出随机集 (R,ρ) 的获取

对于输入参数向量 u,假设它的随机形式为 (F,m),它是定义在 $U = I_1 \times I_2 \times \cdots \times I_n$ 上的随机关系,对于 u 中的变量 $u_1,\cdots,u_n$,它们的随机集形式可以分别表示为 $\{(F_1,m_1),\cdots,(F_n,m_n)\}$。可以将 $\{(F_1,m_1),\cdots,(F_n,m_n)\}$ 看作是随机集 (F,m) 的边缘随机集,所以随机关系 (F,m) 可以通过 $\{(F_1,m_1),\cdots,(F_n,m_n)\}$ 构建,然后利用扩展准则就可以将 (F,m) 映射到输出,得到输出随机集 (R,ρ)。

7.2.3.2 输出随机集 (R,ρ) 转化为 Pignistic 概率

设 $[p_i,q_i],i = 1,\cdots,j$ 为输出随机集 R 上的焦元,$P = \min(p_i),Q = \max(q_i)$,则 $[p_i,q_i],i = 1,\cdots,j$ 都是 $[P,Q]$ 的子集,$[p_i,q_i],i = 1,\cdots,j$ 是一些存在着重叠或者不相交的非嵌套的区间,因而可以计算区间 $[p_i,q_i]$ 上某一点 a 处的 Pignistic 概率密度函数

$$\mathrm{Bet}f(v) = \sum_{\mathrm{all}\,i} \frac{I(v,[p_i,q_i])}{q_i - p_i} m^\Omega([p_i,q_i]) \tag{7-12}$$

这里,当 $[P,v] \cap [P,Q] \neq \varnothing$ 时,指示函数 $I(v,[p,q]) = 1$,否则 $I(v,[p,q]) = 0$。

点 a 处的 Pignistic 累积概率分布函数可以通过式(7-12)计算,式(7-12)的离散化形式如下式所示

$$\mathrm{Bet}F(a) = \int_P^a \mathrm{Bet}f(x)\,\mathrm{d}x = \mathrm{Bet}P([P,a]) = \sum_{\mathrm{all}\,i} \mathrm{Bet}F(a)_i \tag{7-13}$$

7.2.3.3 利用 Pignistic 概率累积分布函数值进行边坡稳定性评估

根据边坡稳定性判别方法,可以用 $F(0)$ 的值取评估边坡的稳定性,这里,用 Pignistic 累积概率分布值 $\mathrm{Bet}F(0)$ 代替 $F(0)$ 的值来得到相应的评估结果。

7.2.4 Pignistic 概率累积分布误差分析

由于边坡模型较为复杂,无法用解析的方法得出稳定性判别函数 $v = f(u_1,u_2)$ 的表达式,可以用蒙特卡罗法通过数值分析方法得出判别函数的近似值。

根据大数定理:互相独立,相同分布,具有限数学期望的随机变量序列 $\{v_i,i = 1,2,\cdots,n\}$,对任何 $\varepsilon > 0$,有

$$\lim_{n \to \infty} P\{|\bar{v}_n - E(v)| < \varepsilon\} = 1 \tag{7-14}$$

由此可见,随机函数 $f(x)$ 的算术平均值 $\bar{v}_n$,当 $n \to \infty$ 时,以概率 1 收敛于数学期望 $E(v)$,但在实际应用中,抽样的点数 n 不可能太大,否则计算成本太高,因此应根据实际工程允许误差,合理选择 n 的数值,以实现计算精度和效率的综合权衡。

由中心极限定理,如果独立随机变量 $\{v_i,i = 1,2,\cdots,N\}$ 服从相同的分布,且有有限

的数字期望 $E(V_i) = G$ 及标准差 $D(V_i) = \sigma$,则对于任意实数 λ_α 有

$$\lim_{N \to \infty} P\left(\frac{\hat{G}_N - G}{\sigma / \sqrt{N}} < \lambda_\alpha\right) = \frac{1}{\sqrt{2\pi}} \int_{-\infty}^{\lambda_\alpha} \mathrm{e}^{-\frac{t^2}{2}} \mathrm{d}t = \Phi(\lambda_\alpha) \tag{7-15}$$

式中: $\hat{G}_N$ 为样本 $\{v_i, i = 1, 2, \cdots, N\}$ 的均值。

　　式(7-15)是从概率统计的角度,用样本均值 $\hat{G}_N$ 和真实值 G 之差 $\Delta = |\hat{G}_N - G| < \varepsilon$ 的概率不小于给定的置信度 α (ε 为允许的绝对误差上限),来评定蒙特卡罗法的误差。在蒙特卡罗法实际应用中,人们可以根据仿真精度的要求选定置信水平 $(1 - \alpha)$,然后从正态积分表中查出在相应置信水平下的 λ_α 值,并令 $\lambda_\alpha = \varepsilon_\alpha \sqrt{N}/\sigma$,其中, ε_α 为问题所要求的误差, N 为抽样次数, σ 为标准差,则有

$$\frac{\lambda_\alpha \sigma}{\sqrt{N}} = \varepsilon_\alpha \tag{7-16}$$

即抽样次数必须满足

$$N = \left(\frac{\lambda_\alpha \sigma}{\varepsilon_\alpha}\right)^2 \tag{7-17}$$

　　可见,抽样次数 N 与标准差 σ 和 ε_α 有关。例如,在 σ 为定值时,每提高一位数的精度,即误差降为 $0.1\varepsilon_\alpha$,抽样次数就要增加 N 的 100 倍,这大大增加了计算量。为了将 Pignistic 概率的方法和蒙特卡罗法进行对比,我们首先计算出 Pignistic 概率的方法下 $v = f(u_1, u_2)$ 的平均值 $\overline{V}$,令式(7-17)中的 $\varepsilon_\alpha = |G - \overline{V}|$,这样,蒙特卡罗法就和 Pignistic 概率方法具有了相同的误差。然后通过式(7-17)就可以计算出相同误差下蒙特卡罗法所需的仿真次数。

7.2.5　实例分析

7.2.5.1　受随机性影响的典型边坡结构

　　某边坡结构是一个倾斜的岩体,它和水平方向有一个大小为 η 的夹角,岩体可能发生滑动处的平面和水平方向的夹角为 δ ,岩体因张力而产生的裂缝的高度为 h ,裂缝的右边充满着水,水面的高度为 h_w ,设岩体连接处的摩擦角为 φ ,如图 7-1 所示。

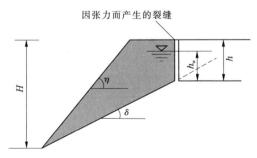

图 7-1　典型边坡模型

根据对边坡岩体受力分析,沿着滑动面的剪力为

$$(w\cos\delta - e - q\sin\delta)\tan\varphi \qquad (7\text{-}18)$$

滑动力为

$$w\sin\delta + q\cos\delta \qquad (7\text{-}19)$$

式中：w 为岩体的重量。

$$w = \frac{1}{2}\gamma H^2\left\{\left[1 - \left(\frac{h}{H}\right)^2\right]\cot\delta - \cot\eta\right\} \qquad (7\text{-}20)$$

$$a = \frac{H - h}{\sin\delta} \qquad (7\text{-}21)$$

式中：a 为滑动面单位宽度上的面积。

因水的作用而产生的沿着滑动面的力和沿着裂缝的力分别为

$$e = \frac{1}{2}\gamma_w h_w a \qquad (7\text{-}22)$$

$$q = \frac{1}{2}\gamma_w h_w^2 \qquad (7\text{-}23)$$

式中：γ 和 γ_w 分别为单位体积岩石和水的重量，$\gamma = 2.7 \times 10^4\ \text{N/m}^3$，$\gamma_w = 0.981 \times 10^4$ N/m^3。

这里假设其他的参数是已知的，只有 φ 和 h_w 是变量，设 $u_1 = \varphi$，$u_2 = h_w$，岩体稳定性判别函数可以表示为

$$v = f(u_1, u_2) = \left[w\cos\delta - e(u_2) - q(u_2)\sin\delta\right]\tan(u_1) - \left[w\sin\delta + q(u_2)\cos\delta\right] \qquad (7\text{-}24)$$

这里设已知的参数取值分别为 $H = 30\ \text{m}$，$h = 10\ \text{m}$，$\eta = 60°$，$\delta = 25°$，假设 u_1 和 u_2 是通过对正态分布函数的截取得到的，变化范围分别为 $[10°, 55°]$ 和 $[1, 10]\text{m}$，它们的均值和标准差分别取下面的值：$\varphi = u_1$，均值为 $30°$，标准差为 $25°$；$h_w = u_2$，均值为 $5\ \text{m}$，标准差为 $1\ \text{m}$。

7.2.5.2　随机变量的随机集证据形式

对于前面所述的两个随机变量 u_1、u_2，可将它的取值区间 I_1 和 I_2 分别划分为 $n_1 = n_2 = 9$ 个离散的子区间，$I_1, j = [u_1, j, u_1, j+1]$，$j = 1, \cdots, n_1$，$I_2, k = [u_2, k, u_2, k+1]$，$k = 1, \cdots, n_2$，如表 7-1、表 7-2 所示，每个区间对应的基本概率指派（BPA）由式（7-25）可以给出，从而可以给出其随机集形式（Φ_1, m_1）、（Φ_2, m_2）。

$$m_{I_k} = \int_{I_k} \frac{1}{\delta\sqrt{2\pi}} e^{-\frac{(x-\mu)^2}{2}} dx \qquad (7\text{-}25)$$

表 7-1　u_1 的区间划分及其基本概率赋值

j	1	2	3	4	5	6	7	8	9
$I_{1,j}$	$[10,15)$	$[15,20)$	$[20,25)$	$[25,30)$	$[30,35)$	$[35,40)$	$[40,45)$	$[45,50)$	$[50,55)$
$m_1(I_{1,j})$	0.001 350	0.021 400	0.135 905	0.341 345	0.341 345	0.135 905	0.021 400	0.001 318	0.000 031

表 7-2　u_2 的区间划分及其基本概率赋值

k	1	2	3	4	5	6	7	8	9
$I_{2,k}$	$[1,2)$	$[2,3)$	$[3,4)$	$[4,5)$	$[5,6)$	$[6,7)$	$[7,8)$	$[8,9)$	$[9,10)$
$m_2(I_{2,k})$	0.001 350	0.021 400	0.135 905	0.341 345	0.341 345	0.135 905	0.021 400	0.001 318	0.000 031

7.2.5.3　稳定性函数输出的随机集证据形式

在得到 u_1 和 u_2 的 (Φ_1,m_1) 和 (Φ_2,m_2) 随机集形式之后,根据随机集的随机关系的定义给出输入 u 的随机集 (Φ,m) 的一般焦元 $I_{1,j} \times I_{2,k}$,输出随机集 (R,ρ) 可以用随机集的扩展准则通过 v 映射得到,输出随机集如表 7-3 所示。

表 7-3　输入随机集和输出随机集的焦元及质量函数值

j,k	$I_{1,j} \times I_{2,k}$	$m'(I_{1,j} \times I_{2,k})$	$v(I_{1,j} \times I_{2,k})$	$\rho(I_{1,j} \times I_{2,k})$
1.1	$[10,15) \times [1,2)$	0.000 002	$(-4.344\ 43, -2.969\ 80)$	0.000 002
1.2	$[10,15) \times [2,3)$	0.000 028	$(-4.409\ 41, -3.047\ 00)$	0.000 028
1.3	$[10,15) \times [3,4)$	0.000 179	$(-4.484\ 02, -3.134\ 21)$	0.000 179
1.4	$[10,15) \times [4,5)$	0.000 45	$(-4.568\ 25, -3.231\ 41)$	0.000 45
1.5	$[10,15) \times [5,6)$	0.000 45	$(-4.662\ 1, -3.338\ 61)$	0.000 45
1.6	$[10,15) \times [6,7)$	0.000 179	$(-4.765\ 57, -3.455\ 82)$	0.000 179
1.7	$[10,15) \times [7.8)$	0.000 028	$(-4.878\ 66, -3.583\ 03)$	0.000 028
1.8	$[10,15) \times [8,9)$	0.000 002	$(-5.001\ 38, -3.720\ 24)$	0.000 002
1.9	$[10,15) \times [9,10)$	4×10^{-8}	$(-5.133\ 72, -3.867\ 45)$	4×10^{-8}
$\vdots$	$\vdots$	$\vdots$	$\vdots$	$\vdots$
9.1	$[50,55) \times [1,2)$	4×10^{-8}	$(10.034\ 61, 13.735\ 82)$	4×10^{-8}
9.2	$[50,55) \times [2,3)$	0.000 001	$(9.723\ 394, 13.382\ 09)$	0.000 001
9.3	$[50,55) \times [3,4)$	0.000 004	$(9.398\ 348, 13.013\ 55)$	0.000 004
9.4	$[50,55) \times [4,5)$	0.000 011	$(9.059\ 47, 12.630\ 21)$	0.000 011
9.5	$[50,55) \times [5,6)$	0.000 011	$(8.706\ 76, 12.232\ 04)$	0.000 011
9.6	$[50,55) \times [6,7)$	0.000 004	$(8.340\ 219, 11.819\ 07)$	0.000 004
9.7	$[50,55) \times [7.8)$	0.000 001	$(7.959\ 846, 11.391\ 29)$	0.000 001
9.8	$[50,55) \times [8,9)$	4×10^{-8}	$(7.565\ 641, 10.948\ 69)$	4×10^{-8}
9.9	$[50,55) \times [9,10)$	1×10^{-9}	$(7.157\ 604, 10.491\ 28)$	1×10^{-9}

依照 Pignistic 概率的计算步骤,可以计算出 $\text{Bet}F(0) = 0.315\ 7$,根据经验 Prolim 值一般设定为 0.05,而 $\text{Bet}F(0) > \text{Prolim}$,因此可以判别边坡是不稳定的。

7.2.5.4　Pignistic 概率的决策方法和蒙特卡罗法比较

由于函数 $v = f(u_1,u_2)$ 的期望值和方差是未知的,首先要通过大量的样本进行估计。

根据 u_1，u_2 的分布特性，产生 2×10^6 组随机数 $(u_{1,k}, u_{2,k})$，$k = 1, \cdots, 2 \times 10^6$，并计算得到数列 $v_k = f(u_{1,k}, u_{2,k})$，求出 f 的标准差 σ 的无偏估计 $\hat{\sigma}$，用其代替真实的标准差 σ，并计算出 2×10^6 仿真得到 v_k 的算术平均值 $\overline{v} = 0.889\ 016$，用其代替函数 $v = f(u_1, u_2)$ 的真实值 G；然后计算仿真误差，当输入随机变量 u_1、u_2 划分的份数 $n_1 = n_2 = 9$ 时，$\overline{V} = 0.921\ 980$，$\varepsilon_\alpha = |G - \overline{V}| = 0.033\ 0$；最后，进行蒙特卡罗仿真，设定置信水平 $1 - \alpha = 97.5\%$，可以计算出在上述误差和置信水平下，蒙特卡罗法所需的仿真次数为 9 071。根据前面的推导，当 $n_1 = n_2$ 的分数增多时，Pignistic 分布值与函数实际分布值等价，这里通过仿真进行了验证，当 $n_1 = n_2 = 30$ 时，可以计算出 $\overline{V} = 0.891\ 723$，$\varepsilon_\alpha = |G - \overline{V}| = 0.002\ 7$，计算出蒙特卡罗方法所需的仿真次数为 1 344 486，此时，$\mathrm{Bet}F(0) = 0.300\ 7$，而蒙特卡罗方法在 $F(0)$ 处的值为 0.299 50，两者的差值仅为 0.001 2。但是我们可以看到在此精度下，计算 Pignistic 概率需要计算次数为 $(29 + 1) \times (29 + 1) = 900$（次），远远小于用蒙特卡罗方法所需的计算次数。

我们在输出随机集的整个区间上等间隔选取了 1 000 个点的 Pignistic 概率累积分布值，并和蒙特卡罗方法得到的这些点的累积分布函数值进行了对比，图 7-2 分别描绘了 $n_1 = n_2 = 9$ 和 $n_1 = n_2 = 30$ 时的 Pignistic 概率累积分布曲线以及蒙特卡罗累积分布曲线，为了更加容易地看出它们之间的偏差，图 7-3 和图 7-4 分别描绘出了 $n_1 = n_2 = 9$ 和 $n_1 = n_2 = 30$ 时的 Pignistic 概率累积分布值和蒙特卡罗方法的得到的累积分布函数值的相对误差值，从仿真图中可以看出，当 $n_1 = n_2 = 30$ 时，Pignistic 概率累积分布值和蒙特卡罗方法得到的累积分布值的绝对误差小于 2.5×10^{-3}，而在 $v = 0$ 点处的差值为 0.001 2，说明用 Pignistic 概率分布值近似的代替真实值是合理的。

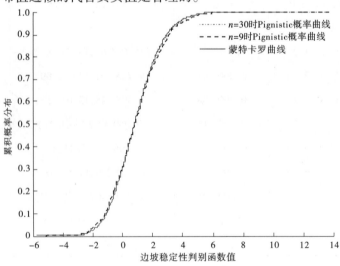

图 7-2　$n_1 = n_2 = 9$ 和 $n_1 = n_2 = 30$ 时的 Pignistic 概率累积分布曲线以及蒙特卡罗累积分布曲线

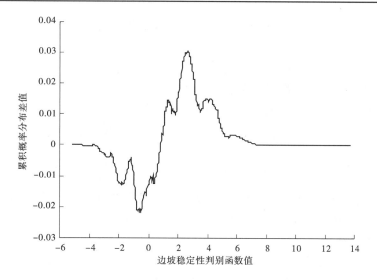

图 7-3　$n_1 = n_2 = 9$ 时的 Pignistic 概率累积分布值和
蒙特卡罗累积分布值误差曲线

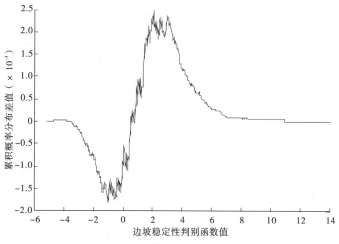

图 7-4　$n_1 = n_2 = 30$ 时的 Pignistic 概率累积分布值和
蒙特卡罗累积分布值误差曲线

7.3　模糊参数下基于随机集上、下概率的边坡工程稳定性分析方法

7.3.1　随机集上、下概率

根据前面随机集的置信函数和似真函数的定义,随机集的置信函数和似真函数以及函数真实概率值 $Pro(E)$ 之间存在以下关系

$$Bel(E) \leqslant Pro(E) \leqslant Pl(E) \tag{7-26}$$

当集合概率空间中的元素通过多值映射到可测空间后,在可测空间,有两种极端的情况:

(1)所有的权重 $m(A_i)$ 都集中在焦元 A_i 的上限。

(2)所有的权重 $m(A_i)$ 都集中在焦元 A_i 的下限。

从以上可以诱导出两个极限的累积概率分布方程

$$F_{\text{upp}}(v) = Pl(\{v' \in V : v' \leqslant v\}) = \sum_{A_i : v \geqslant \inf(A_i)} m(A_i) \tag{7-27a}$$

$$F_{\text{low}}(v) = Bel(\{v' \in V : v' \leqslant v\}) = \sum_{A_i : v \geqslant \sup(A_i)} m(A_i) \tag{7-27b}$$

这里,称 $F_{\text{upp}}(v)$ 为 v 的上累积概率分布,$F_{\text{low}}(v)$ 为 v 的下累积概率分布。上、下累积概率分布的计算方法如图 7-5 所示,图中,$m(A_1)$、$m(A_2)$、$m(A_3)$、$m(A_4)$ 表示区间 A_1、A_2、A_3、A_4 的基本概率赋值。

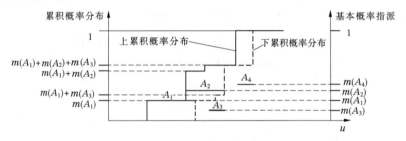

图 7-5 上、下累积概率分布计算示意

根据置信函数和信任函数以及上、下累积概率分布的定义,可以知道上、下概率曲线包含了真实的概率曲线。以此,可以利用一点处的上、下概率给出该点的取值范围,进而可以在无法得到真实概率曲线或者计算真实概率较为困难时,用该点处的上、下概率来进行决策。

7.3.2 基于随机集上、下概率的边坡稳定性分析模型

在对边坡稳定性进行评估时,通常要根据边坡岩体结构建立边坡稳定性判别函数,边坡稳定性判别函数通常是阻滑力和下滑力的差值。设阻滑力为 $g(u_1, u_2, \cdots, u_n)$,下滑力为 $l(u_1, u_2, \cdots, u_n)$,那么边坡稳定性判别函数为

$$v = f(u_1, u_2, \cdots, u_n) = g(u_1, u_2, \cdots, u_n) - l(u_1, u_2, \cdots, u_n) \tag{7-28}$$

记 $u = (u_1, \cdots, u_n)$ 是输入的一组不确定性参数,这些参数中,有的参数主要受到一些随机性的影响,这些参数的取值表现为一组随机变量的形式。而有的参数因为无法测量,或者这些参数本身就是边界模糊的,可能是通过专家给出的隶属度函数给出的。为了统一处理这些参数中随机性和模糊性的影响,这里采用将随机参数和模糊参数都采用随机集的形式表示,然后通过随机集的扩展准则映射到输出,进一步计算出边坡稳定性判别函数的上、下累积概率分布,利用上、下累积概率分布和真实概率的包含关系并结合边坡稳定性判别规则进行边坡稳定性评估。判别准则如下:

(1)如果 $v < 0$,边坡是不稳定的。

(2)如果 $v > 0$,边坡是稳定的。

（3）如果 $v = 0$,边坡处于临界稳定状态。

边坡结构体失效的概率可以定义为

$$Pro_{\text{fail}} = Pro(v < 0) \tag{7-29}$$

一般情况下,当它的失效概率小于某极限值时,就可以得出结构体是稳定的结论

$$Pro_{\text{fail}} < Pro_{\text{lim}} \tag{7-30}$$

根据 u 具有的不同不确定性,输出 v 的累积分布具有以下两种情况:

（1）如果输入 u 的概率统计特性已知,则可以求取随机变量 v 的累积分布

$$Pro_{\text{fail}} = F_v(0) \tag{7-31}$$

（2）输入 u 中某些变量的概率统计特性未知,只知道其弱统计特性或其具有模糊性时,就无法给出输出的 F_v 。所以,当 u 中变量分别具有模糊性或随机性时,就可以利用随机集理论,统一给出 u 的随机集表示 (Φ, m) 。通过随机集的扩展准则得到 v 的像 (P, ρ) ,求出 v 的上、下累计概率分布（CDF）,并计算出 $v = 0$ 时的信度区间 $[F_{v,\text{low}}(0),$ $F_{v,\text{upp}}(0)]$,因为它们分别由 v 的置信函数和似真函数计算出,则可以基于证据理论中的信度区间来判定边坡的稳定性,即当 $F_{v,\text{low}}(0) > Pro_{\text{lim}}$ 时,可以认为边坡是不稳定的。

7.3.3　方法实施步骤

在边坡稳定性判别函数 $v = f(u_1, u_2, \cdots, u_n)$ 中,参数 $u = (u_1, \cdots, u_n)$ 中,有的参数受到模糊性的影响,有的参数受到随机性的影响。通常情况下,模糊参数是通过隶属度函数给出的,如果对于一个参数值,给出了多个模糊隶属度函数表示,则需要对多个隶属度函数进行融合,这里,我们首先将模糊隶属度函数表示的模糊变量通过水平截集的方式转化为随机集形式。对于采用多个隶属度函数表示单个参数的情况,首先将多个隶属度函数都转化为随机集。然后利用 Dempster 组合规则得到将它们融合后的证据体。对于受随机性影响的参数,通过随机变量的随机集表示,同样表示为随机集证据体的形式。然后,利用随机集扩展准则将随机集表示参数映射到输出,得到 f 的上、下累积概率分布,用其判定边坡的稳定性。

该方法的具体步骤如下。

7.3.3.1　模糊参数信息的随机集表示与融合

对于给定的隶属度函数表示的模糊变量 a ,并且沿着 Y 轴方向分别按直线 $(M_1,$ $M_2, \cdots, M_s)$ 对它们进行截取,可以得到嵌套的区间为

$$A_i = \left[a_{1,i}^{-1}\left(\sum_{s=0}^{i-1} M_s + \frac{M_i}{2} \right), a_{2,i}^{-1}\left(\sum_{s=0}^{i-1} M_s + \frac{M_i}{2} \right) \right] \tag{7-32}$$

该嵌套的区间就可以看作是转化得到的随机集的焦元,其中, $i = 1, \cdots, n, n$ 表示对 a 截取的次数,这里 $a - 1$ 表示函数 a 的反函数。

焦元 A_i 所对应的 BPA$m_{a,i}$ 可用下式求出

$$m_{a,i} = \begin{cases} \dfrac{M_i - M_{i-1}}{M_n}, 2 \leq i \leq n \\ \dfrac{M_1}{M_n}, i = 1 \end{cases} \tag{7-33}$$

这样,就可以将隶属度函数表示的模糊集转化为随机集的形式。

若某个参数是通过多个模糊集的隶属度函数 $a_1, a_2, \cdots, a_n$ 形式表示的,则采用上面的步骤分别将他们转化为随机集 $(F_1, m_1), (F_2, m_2), \cdots, (F_n, m_n)$ 的形式,然后,利用 Dempster 组合规则可以将这些随机集融合得到 (Φ_a, m_a),从而可以得到综合 n 个模糊变量对单个参数的随机集描述。

7.3.3.2　随机参数的随机集表示

随机集的基本概率指派(BPA)即为集合中的元素落在随机集的焦元的区间内的概率。设随机变量 u 的变化范围为 $[P, Q]$,将区间 $[P, Q]$ 划分为 M 个区间 $\{A_j, j = 1, \cdots, M\}$,则区间 $\{A_j, j = 1, \cdots, M\}$ 可以看作是转换后随机集的焦元,每个焦元 A_j 对应的基本概率指派(BPA)即为该区间上参数值的概率分布值

$$m(A_j) = \sum_{u:u \in A_j} Pro(u) \tag{7-34}$$

式中:$Pro(u)$ 为参数变量 u 的概率分布函数。

若参数变量 u 的分布形式是连续的而非离散的,那么每个区间的 BPA 可由下式给出

$$m(A_j) = \int_{A_j} Pro(u) \, \mathrm{d}u \tag{7-35}$$

通过上述方法,就可以把随机参数转化为随机集的形式。

7.3.3.3　输入随机集的映射输出

对于输入参数向量 $u = (u_1, \cdots, u_n)$,通过上述步骤,就可以将 $(u_1, \cdots, u_n)$ 分别转化为随机集 $\{(F_1, m_1), \cdots, (F_n, m_n)\}$ 的形式,记参数 u 的随机集形式为 (F, m),它是定义在 $U = I_1 \times I_2 \times \cdots \times I_n$ 上的随机关系,可以将 $\{(F_1, m_1), \cdots, (F_n, m_n)\}$ 可以看作是随机集 (F, m) 的边缘随机集,所以随机关系 (F, m) 可以通过 $\{(F_1, m_1), \cdots, (F_n, m_n)\}$ 构建,然后利用扩展准则结合边坡稳定性分析模型就可以将 (F, m) 映射到输出,得到输出随机集 (R, ρ)。

7.3.3.4　计算输出随机集的上、下累计概率分布并进行边坡稳定性评估

对上述步骤得到的输出随机集 (R, ρ),就可以得到输出随机集的上、下累积概率分布,该分布即是边坡稳定判别函数 $v = f(u_1, u_2, \cdots, u_n)$ 的上、下累积概率分布,结合边坡稳定性判别准则,即可对边坡稳定性进行评估。

7.3.4　实例分析

7.3.4.1　同时受随机性和模糊性影响的典型边坡结构

这里通过一个边坡稳定性评估模型来说明上述方法,该模型中的两个岩体之间有一个垂直的裂缝隔开,裂缝中有水渗入,如图 7-6 所示,它们位于一个倾斜的平面上,设岩体下端人工加固对岩体产生的力为 T,如图 7-7 所示。如果假设岩块 B 是稳定的,即岩块 A 和 B 之间没有作用力,那么岩块 A 的安全系数 FS 为

$$FS_A = \frac{c_A A_A + (T + W_A \cos\psi_p - U_A - V\sin\psi_p)\tan\varphi_A}{W_A \sin\psi_p + V\cos\psi_p} \tag{7-36}$$

式中：c_A 为沿着失效表面和岩体 A 之间的黏聚力；φ_A 是摩擦角；A_A 是岩块 A 和失效面之间的接触面积；U_A 和 V 表示水压；A_A 和 U_A 可通过下式计算

$$A_A = (H - z)\cos\psi_p \tag{7-37}$$

$$U_A = \frac{1}{2}\gamma_w z_w (H - z)\cos\psi_p \tag{7-38}$$

$$V = \frac{1}{2}\gamma_w z_w^2 \tag{7-39}$$

$$W_A = \frac{1}{2}\gamma_{rock}H^2\left[(1 - \frac{z}{H})^2\cot\psi_p(\cot\psi_p\tan\psi_f - 1)\right] \tag{7-40}$$

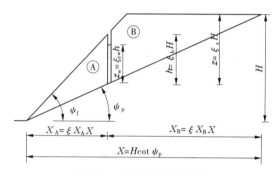

图 7-6　岩体边坡模型图示

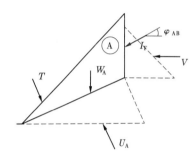

图 7-7　边坡稳定性模型受力图示

设岩体的高度 $H = 21.5$ m，可能失效面的斜度 $\psi_p = 32°$，岩体 A 的上表面的斜度 $\psi_f = 60°$，岩体和水的容重分别为 $\gamma_{rock} = 25$ kN/m³ 和 $\gamma_w = 9.8$ kN/m³，设 p_1 和 p_2 是两个既受随机性又受模糊性影响的参数变量，其中 $T = p_1$，$c_A = p_2$。假设参数受到随机性的影响符合正态分布，记为 u_1，它的均值和标准差分别取 $\mu_{u_1} = 50$ kN，$\sigma_{\mu_1} = 3$ kN，受到的模糊性的影响为一区间值，区间的宽度为 $[-2\ kN, 2\ kN]$；假设参数 p_2 受到随机性的影响也符合正态分布，记为 u_2，它的均值和标准差分别取 $\mu_{u_2} = 20$ kPa，$\sigma_{\mu_2} = 4$ kPa，受到的模糊性的影响为一区间值，区间的宽度为 $[-3\ kPa, 3\ kPa]$。两个随机变量的概率密度函数分别如图 7-8 和图 7-9 所示。

7.3.4.2　参数的随机模糊变量表示

下面将所述的两个随机变量 u_1、u_2 转化为隶属度函数表示的形式。对于变量 u_1，由于它服从正态分布，因此变量 u_1 的概率密度函数的最高点在均值处取得，所以构造得到 u_1 的隶属度函数隶属度为 1 的点在 $\mu_{u_1} = 50$ kN 处取得，为了计算其他分布值点的隶属度，令 $x_p = \mu_{u_1}$，$x_l = \mu_{u_1} - 3\sigma_{u_1}$，$x_r = \mu_{u_1} + 3\sigma_{u_1}$，将区间 $[x_i, x_p]$ 和 $[x_p, x_r]$ 分别划分为 25 个离散的子区间，可以计算每个区间对应的概率值，从而计算出对应的置信水平为 $1 - \alpha$，α 即为该点的隶属度，从而可以构造得到的 u_1 的隶属度函数，u_2 的隶属度函数形式表示的方法与 u_1 相似，构造得出的 u_1、u_2 的隶属度函数形式表示如图 7-10、图 7-11 所示。

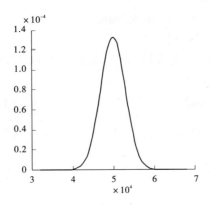

图 7-8　u_1 的概率密度函数

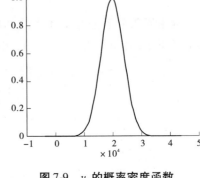

图 7-9　u_2 的概率密度函数

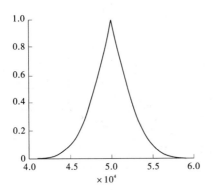

图 7-10　u_1 的隶属度函数表示

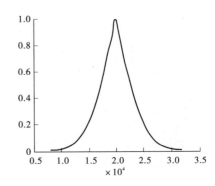

图 7-11　u_2 的隶属度函数表示

　　下面构造参数 p_1 和 p_2 的 RFV 表示形式。参数 p_1 受到的模糊性的影响为一区间值，区间的宽度为 $[-2\ \text{kN}, 2\ \text{kN}]$；在构造 RFV 时，首先将随机变量 u_1 的隶属度函数以 $\mu_{u_1} = 50\ \text{kN}$ 处为界限，左边部分向左平移 2 kN，右边部分向右平移 −2 kN，从而可以构造得到参数 p_1 的 RFV 表示的形式。参数 p_2 的 RFV 的构造方法和参数 p_1 相同。构造得到的 p_1、p_2 的 RFV 的形式如图 7-12、图 7-13 所示。

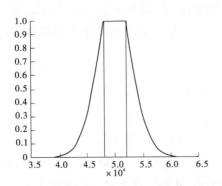

图 7-12　参数 p_1 的 RFV 表示

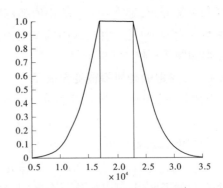

图 7-13　参数 p_2 的 RFV 表示

7.3.4.3　随机模糊变量 TBM 变换

在得到 p_1 和 p_2 的 RFV 形式之后，接下来就要把 RFV 形式的参数转换为证据的形式，根据 RFV 的定义，对 RFV 的外部曲线取 α 截集，就可以得到一组嵌套的证据，这些嵌套的证据包含了参数值的随机性和模糊性。对得到的一组嵌套的证据体，我们依据测量仪器经验值，对测量得到的参数值进行折扣，这里设定对参数 p_1 的折扣因子为 0.9，p_2 的折扣因子为 0.8。这样，折扣后的证据体不仅包含了参数测量值的随机性和模糊性，而且考虑了所采用的测量仪器的可靠性，从而更符合真实的测量环境。对折扣后的证据体，根据第 3 章 3.2 节的 TBM 变换方法，计算参数 p_1 和 p_2 的 Pignistic 概率密度函数。为了将折扣后的证据体和折扣前的证据体进行对照，我们这里同时给出了折扣前对参数 p_1 和 p_2 进行 TBM 变换得到的 Pignistic 概率密度函数，折扣前和折扣后参数 p_1 和 p_2 的 Pignistic 概率密度函数分别如图 7-14、图 7-15 所示。

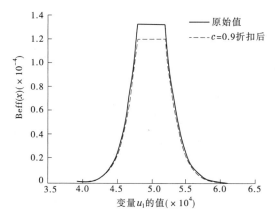
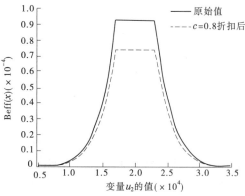

图 7-14　p_1 折扣前和折扣后的 $\mathrm{Bet}f(x)$　　　　图 7-15　p_2 折扣前和折扣后的 $\mathrm{Bet}f(x)$

7.3.4.4　进行蒙特卡罗仿真并用仿真结果评估边坡的稳定性

对折扣后的 $\mathrm{Bet}f(x)$，用舍选抽样法构造蒙特卡罗输入，这里仍然以参数 p_1 为例进行说明。对于每一段，首先得到参数值的变化范围，并作为概率密度函数的有界支撑 $[6.0903 \times 10^4, 5.20037 \times 10^4]$，进一步得到概率密度函数的值域 $[0, 1.32868 \times 10^{-4}]$，从而确定随机采样值的笛卡儿空间 $[6.0903 \times 10^4, 5.20037 \times 10^4] \times [0, 1.32868 \times 10^{-4}]$，在这个笛卡儿空间上产生均匀随机向量，即产生 $Y \sim u[6.0903 \times 10^4, 5.20037 \times 10^4]$ 和 $Z \sim u[0, 1.32868 \times 10^{-4}]$，如果 $Z \leqslant f(Y)$，则取 Y 作为 X 的输出。这样就可以构造出一组参数 p_1 的随机输入。对于参数 p_2 同样可以构造出相应的随机输入。然后抽样值代入边坡稳定性判别函数，将这些函数值进行统计即可得到函数值的蒙特卡罗累积概率分布曲线，如图 7-16 所示。从图 7-16 我们可以看出，当边坡稳定性判别函数的值 FS 等于 1 时，对应的累积概率分布值为 0.103，按照经验，通常设定 $Pro_{\lim} = 0.05$，结合边坡稳定性判别方法，可以得出边坡是不稳定的结论。

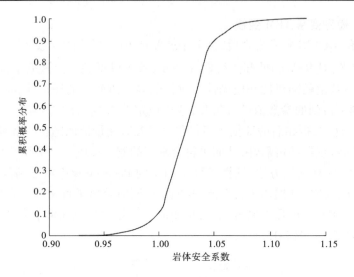

图 7-16　蒙特卡罗仿真结果

7.4　小　结

（1）在深入了解和分析了相关文献的基础上，给出了一种改进的处理边坡稳定性评估中输入参数具有随机性的方法，该方法基于随机集理论和实数域下的可转移信度模型，首先将受随机性影响的输入参数用随机集证据表示，然后结合边坡稳定性分析模型，通过扩展准则得到输出随机集证据，将得到的输出随机集证据进行 TBM 变换，用变换后得到的 Pignistic 累积概率分布进行边坡稳定性评估。该方法与传统的概率方法和蒙特卡罗法相比，不仅具有较好的通用性，而且可以大大减少计算量。

（2）基于对随机集理论和模糊集理论的研究的基础上，给出了一种在边坡参数中分别具有随机性和模糊性的处理方法。首先，对于模糊参数变量，通过水平截集的方法转化为随机集证据的形式，而且基于证据理论，给出多个模糊隶属度函数对同一个参数度量时得到的随机集证据融合的方法，对于随机参数变量，通过随机变量的随机集表示，转化为随机集证据的形式，结合边坡稳定性评估模型，通过扩展准则映射得到输出随机集证据，并利用该证据构造输出随机集的上、下累积概率分布，利用上、下累积概率分布对边坡稳定性进行评估。

（3）进行了随机与模糊参数下边坡稳定性分析的信息融合方法实例验证。计算结果与观测、试验结果相符，证明了信息融合方法在边坡稳定性分析过程中的准确性和适用性。信息融合方法用随机集的建模方法对不确定性参数进行综合处理，基于 Pignistic 概率的边坡稳定性分析方法和模糊参数下基于信息融合的边坡稳定性分析方法具有很好的适用性；信息融合方法在满足精度的要求下，基于 Pignistic 概率的边坡稳定性分析方法只需要用 900 次的计算量代替了蒙特卡罗分析方法 1 431 124 次的计算量，提高了计算速度和效率，节省了运算和储存空间。

第 8 章 结 语

针对南水北调中线岩土工程中的技术难题,研发了低渗透性材料测试系统,以及超大粒径粗粒土渗透系数测试仪和逆止阀水密性测试仪;开展了土工膜老化试验研究和不同弹塑性损伤条件下抗渗特性试验研究;开发了可移动式堤坝工程安全监测模块及其数据后处理软件;改进了边坡稳定计算的方法,提出了基于 Pignistic 概率的边坡稳定性评估方法,主要内容如下:

(1)针对工程中存在的超大粒径粗粒土,基于超大粒径粗粒土渗透特性分析,设计了 $60\ mm \leqslant d_{85} \leqslant 100\ mm$ 的渗透系数测试仪器,通过加大测试筒直径,扩大了粗粒土渗透系数测试的粒径范围;采用设置多个侧向排气孔的加速排气法,有效地克服了试样尺寸较大、部分试验材料的渗透性较低、试样饱和困难等问题;采用 20 ~ 40 ℃的热水,能够使超大粒径样品快速达到饱和,而且对样品的化学、物理稳定性影响小;渗透坡降递增的试验方法降低了试件的破坏可能。南水北调中线禹州长葛段第五施工标段试验表明,采用结构简单、操作方便、循环用水的超大粒径粗粒土渗透测试装置,可快速测定渗透系数较低的超大粒径粗粒土渗透系数,从而为工程建设提供了技术支撑。

(2)针对新型材料塑性防渗墙渗透系数低,目前没有合适的测试装置的问题,基于低透水性塑性防渗墙的渗透特性分析,设计了渗透系数小于 $10^{-6}\ cm/s$ 的低透水性塑性防渗墙测试仪器,并提出了相应的测试方法,可供低透水性塑性防渗墙渗透试验与质量检测时参考。通过改进样品夹持器形状,将样品夹持器内部设计成圆台形状,底部直径较顶部大,有效避免了夹持器具与试件接触面的渗漏;利用高精度气压控制式减压阀配合电磁阀控制水压力,通过减压阀、电磁阀协同作用,可精确实现系统自动加压与控制。南水北调中线焦作 1 - 3 标试验表明,采用结构简单、自动控制、操作方便的低透水性塑性防渗墙渗透参数测试装置,可快速测定渗透系数较低的塑性防渗墙渗透系数与渗透坡降,从而为工程建设提供了技术支撑。

(3)针对逆止阀水密性测试存在的测试环境复杂、荷载施加困难、观测周期长、测量精度低、样品容易破坏等问题,基于逆止阀的水密特性分析,设计了逆止阀水密性测试仪器,并提出了相应的测试方法,可供逆止阀、给水排水管道水密性试验与质量检测时参考。采用门式机架与自动升降夹持装置安装试件,可密封固定试件,并便于施加水压力荷载;利用自动加压系统可按需控制测试水压力,从而较好地模拟工况;测试系统可测试水密性指标,提高测试精度。南水北调中线工程禹长 - 5 标段等试验表明,采用结构简单、自动控制、操作方便的逆止阀水密性测试装置,可快速测定逆止阀的阀门开启水头、上部加载水压时阀门逆向保证不发生渗漏的最小压力、水位差与出水量关系,以及给水排水管道的渗漏等,从而为工程建设提供了技术支撑。

(4)在对土工膜防渗工程应用情况调研的基础上,结合工程实际情况,改进试验设备,开展土工膜不同弹塑性损伤条件下抗渗特性试验,总结土工膜渗透系数和耐静水压变化规律,建立应变、厚度与土工膜渗透系数和耐静水压相关关系函数。土工膜双向拉伸试验研究成果表明,土工膜变形由可恢复的弹性变形,发展为部分可恢复的弹塑性变形,再到不能恢复的塑性变形,直至破坏,也是其自身内部损伤不断发展变化的过程。耐静水压试验结果分析表明,土工膜厚度、应变与耐静水压均存在线性相关关系,考虑二者交互影响,耐静水压变化规律符合二次曲面变化形式。经室内试验数据验证,所揭示的耐静水压变化规律具有一定的参考价值。渗透系数试验结果分析表明,土工膜在应变60%以内渗透系数基本保持在同一数量级,变化不显著。土工膜应变、厚度与渗透系数不存在线性相关关系,符合非线性曲线关系,但规律性不是很强。

(5)开展了复合土工膜自然气候老化、热老化及湿热老化三种情况下的老化试验,老化试验成果表明,复合土工膜拉伸强度、伸长率、撕裂强力均随着老化时间的增加总体呈下降趋势;弹性模量随老化时间变化不太显著或稍有增加;渗透系数随老化时间增加基本无明显变化,保持在同一数量级,能满足工程防渗的要求。热老化、湿热老化试验成果表明,复合土工膜拉伸强度、伸长率与撕裂强力下降速率随试验温度、湿度变化较显著,在三种不同的试验条件下,下降速率也不同,表现为温度越高,湿度越大,下降速率越大,力学性能衰减越快;温度越低,湿度越小,下降速率越小,力学性能衰减较慢。引入 Arrhenius 公式,建立拉伸强度随温度变化的热老化寿命预测模型。引入归一化因子老化速率,使复合土工膜在不同的温度、湿度作用下的关系曲线拟合在同一种曲线来表示,建立了拉伸强度随温度、湿度变化的数学模型。对湿热老化试验条件下的寿命预测模型进行了实际工程验证,南水北调工程复合土工膜老化347 d、398 d 的取样试验值与湿热老化寿命预测模型预测值误差分别为7.98%、5.50%;西霞院工程使用5年的复合土工膜纵向拉伸强度实测值与湿热老化寿命预测模型预测值误差为8.19%,模型预测可靠度可满足工程要求,说明对于不同规格的复合土工膜,在环境条件相似情况下,该湿热老化寿命预测模型具有一定的参考价值。

(6)在国内外最新边坡工程监测技术进展调研的基础上,针对目前边坡工程监测系统存在的系统造价高、设备管理困难、数据传输不便等问题,采用精细化的工业设计与多模态节能设计理念,利用分布式系统、嵌入式电路与有线、无线数据传输等技术,开发具备可移动、数据精度高、集成度高、成本低、节能环保等优点的可移动式边坡工程安全监测模块,研发适用于可移动式边坡工程安全监测模块的数据后处理软件,综合室内试验与现场应用的手段,测试验证了可移动式边坡工程安全监测模块及其数据后处理软件的各项功能。

(7)在分析现有非饱和土强度理论的基础上,利用三轴 CD 试验探讨黏土的有效强度随含水率、干密度的变化规律;采用最小二乘法建立了考虑含水率(饱和度)、干密度影响的有效应力强度指标计算公式。针对边坡稳定与浸润面变化及材料密实度密切相关,材料参数为常量的边坡稳定安全系数计算模型,不能反映水位变化及材料密实度对边坡安全的影响,引入干密度、含水率影响函数,建立了考虑土质干密度与含水率影响的边坡稳定安全系数计算模型,能描述边坡土体的抗剪强度参数随着浸润面变化而调整的特征,可以考虑水位变化对边坡稳定性的影响,更符合工程实际,适用于边坡水位处于经常变化的特点。基于 Visual C# 2005 对 GeoStudio 岩土分析软件中的 SLOPE/W 模块进行了二次编程开发,开发出内摩擦角、黏聚力随着含水率的变化的边坡稳定性分析程序,考虑土坡中内摩擦角、黏聚力随着外界条件或者含水率变化而变化,可以避免采用非饱和土强度来分析边坡稳定性的困难,从而使边坡稳定性评价更符合实际。

(8)针对当参数具有随机不确定性等情况,基于 Pignistic 概率给出了一种新的边坡稳定性评估方法。首先根据随机集的方法,将两个用随机集表示的随机参数通过扩展准则映射到输出;然后将输出随机集用 TBM 方法将其转换为 Pignistic 概率,最后用 Pignistic 概率的累积概率分布曲线对边坡稳定性进行评估,在评估效果相当的情况下,基于 Pignistic 概率的边坡稳定性评估方法的计算量远远小于直接用蒙特卡罗法的计算量。针对参数具有模糊不确定性的情况,给出了基于模糊集理论与随机集理论的信息融合方法评估边坡的稳定性。

南水北调中线岩土工程存在的问题和隐患错综复杂,在工程运行过程中不断发现新的地质问题,如膨胀土渠坡、岸坡局部不稳定问题等,探索和研究并解决好这些问题,为工程的安全运行提供强有力的技术支撑,是岩土工作者面临的挑战之一。在已完成的相关工作中,仍有很多深层次问题亟待解决,如土工膜老化试验方案需进一步优化,边坡监测系统深度开发等工作,是今后研究的方向。

参 考 文 献

［1］ 唐建国,林洁梅.排水管道水密性检查的讨论[J].上海水务,2001(3):26-38.

［2］ 周志钢.模块化可编程控制器在密封油系统试验装置中的应用[J].能源研究与信息,2005,21(3):169-174.

［3］ Richard Turcotte,Phillip D Lightfoot,Christopher M Badeen,et al. A pressurized vessel test to measure the minimum burning pressure of water-based explosives[J]. Propellants, Explosives, Pyrotechnics,2005,30(2):118-126.

［4］ Michael Fox. Measuring and improving the puncture resistance of self-pressurized containers[J]. Journal of Failure Analysis and Prevention,2008,8(4):353-361.

［5］ Lixiao Li,Yutaka Kazoe,Kazuma Mawatari, et al. Viscosity and wetting property of water confined in extended nanospace simultaneously measured from highly-pressurized meniscus motion[J]. The Journal of Physical Chemistry Letters,2012,3(17):2447-2452.

［6］ 孙海波.工厂内盾构机主轴承的拆解检测及密封系统静态建压测试[J].隧道建设,2013,33(10):890-895.

［7］ 许国康.面向先进检漏技术的航空产品密封实现及保证[J].航空制造技术,2013(20):103-108.

［8］ 阎耀保,黄帅,李洪娟.气动潜孔锤用气动逆止阀的密封特性分析[J].液体传动与控制,2013(5):1-4.

［9］ Giroud J P. Mathematical model of geomembrane stress-strain curves with a yield peak[J]. Geotextiles and Geomembranes,1994,13(1):1-22.

［10］ Merry S M,Bray D. Time dependent mechanical response of HDPE geomembranes[J]. Journal of Geotechnical and Geoenvironmental Engineering,1997,123(1):57-65.

［11］ Zhang C,Moore I D. Nonlinear mechanical response of high density polyethylene (part Ⅰ): experimental investigation and model evaluation[J]. Polymer Engineering and Science:Ser A,1997,37(2):404-413.

［12］ Zhang C,Moore I D. Nonlinear mechanical response of high density polyethylene (part Ⅱ): uniaxial constitutive modeling[J]. Polymer Engineering and Science:Ser B,1997,37(2):414-442.

［13］ Nikolov S,Doghri. A micro/macro constitutive model for the small-deformation behaviour of polyethylene [J]. Polymer,2000,41(5):1883-1891.

［14］ Beijer J G J,Spoormaker J L. Modelling of creep behaviour in injection-moulded HDPE[J]. Polymer,2000,41(14):5443-5449.

［15］ Wesseloo J,Visser A T,RUST E. A mathematical model for the strain-rate dependent stress-strain response of HDPE geomembranes[J]. Geotextiles and Geomembranes,2004,22(4):273-295.

［16］ Giroud J P. Poisson's ratio of unreinforced geomembranes and nonwoven geotextiles subjected to large strains[J]. Geotextiles and Geomembranes,2004,22(4):297-305.

［17］ Astmd 638-10 Standard test method for tensile properties of plastic[S].

［18］ Asrmd 488-06 Standard test method for determining performance strength of geomembranes by the wide strip tensile method[S].

［19］ 张思云,鲁伟涛,靳向煜.PE 土工膜双向拉伸试验研究[J].隧道建设,2012(5):654-657.

[20] 任泽栋,姜晓桢,满晓磊,等.堆石坝防渗土工膜薄壁圆筒双向拉伸性能测试方法[J].三峡大学学报(自然科学版),2013,35(3):21-25.

[21] 张思云,张艳,靳向煜.土工膜和非织造土工布单向与双向拉伸机理对比试验研究[J].东华大学学报(自然科学版),2014(2):220-224.

[22] 吴云云,孟强.土工膜双向拉伸试验若干问题探讨[J].水利规划与设计,2014(4):63-66.

[23] Arunkumar Selvam,Brian Barkdoll. Clay permeability changes-flexible wall permeameter & environmental scanning electron microscope[C],ASCE,2005.

[24] Needham A D,Smith J W N,Gallagher E M G. The service life of polyethylene geomembrane barriers[J]. Engineering Geology,2006(85):82-90.

[25] 刘让同,张再兴.非织造复合土工膜抗渗性能影响因素研究[J].纺织学报,2004(5):66-68.

[26] 白建颖,夏启星.土工合成材料垂直渗透性能规律及取值方法探讨[J].产业用纺织品,2005(3):30-36.

[27] 刘桂英,李亚芬,张滨.土工膜渗透性能测试方法综合评价[J].黑龙江水利科技,2007(3):54.

[28] 姜海波.土石坝坝体、坝基和水库库区土工膜防渗体力学特性及渗透系数研究[D].乌鲁木齐:新疆农业大学,2011.

[29] 张光伟,张虎元,杨博.高密度聚乙烯复合土工膜性能的室内测试与评价[J].水利学报,2012(8):967-973.

[30] 张书林.土工膜渗透系数试验影响因素研究分析[J].治淮,2014(10):21-23.

[31] Rollin A L,Mlynarek J,Zanescu A. Performance changes in aged in situ HDPE geomembranes[C]. In:Christensen,T H,et al. (Eds.),Landfilling of Waste:Barriers,E&FN Sons (Chapman Hall),London,UK,1994,915-924.

[32] R Kerry Rowe,Fady B,M Zahirul. Aging of high-density polyethylene geomembranes of three different thicknesses[J]. Journal of Geotechnical and Geoenvironmental Engineering,2014,140(5):1-11.

[33] 甘采华,梁寿忠,李春英.土工合成材料老化指标的研究[J].广西大学学报(自然科学版),2007,32(3):243-247.

[34] Reinhardt F W. Analytical A P roach to the prediction of weather ability[J]. ASTM Special Technical Publication,1958,57:236-247.

[35] CiPrianiL P,DigiaimoM P. Use of ultraviolet absorbers for stabilizing colorants for plasties[J]. Color Engineering,1966,4(2):20-28.

[36] Darby J R,Touehett N W,Sears J K Antioxidant effeets in PVC plastieized with dida[J]. Journal of Applied Polymer Seienee,1970,14(1):53-61.

[37] Chottiner J,Buzzelli E S. Performance and lief of bifunetional air eleetrodes[J]. Journal of the Eleetroehemieal Soeiety,1975,122(8):C243.

[38] Langshaw H J M. The weathering of high polymers[J]. Plasties chicago,1960,25:40-53.

[39] Yu V. Suvorova,S I Alekseeva. Experimental and analytical methods for estimating durability of geosynthetic materials[J]. Journal of machinery manufacture and reliability,2010,39(4):391-395.

[40] 尚建丽,米钰.EPDM防水卷材耐久性的热老化及动力学预测[J].2011,33(5):157-162.

[41] 柳青祥,罗碧玉.复合土工膜在大坝工程应用中的力学计算探究[J].水利与建筑工程学报.

[42] 尚层.土石坝复合土工膜防渗斜墙应力变形分析[D].乌鲁木齐:新疆农业大学,2012.

[43] 吴俊杰,凤炜,刘亮,等.全库盘防渗复合土工膜应力应变分析[J].水电能源科学,2013(12):66-69.

[44] 宋书克.小浪底大坝安全监测信息系统迁移的研究和实现[J].水电自动化与大坝监测,2011,5

(35)：53-56.

[45] 潘琳,陈宏伟.智能化大坝安全监测系统综述[J].水电自动化与大坝监测,2013,2(37)：58-60.

[46] Sangeeta Mukhopadhyay S K,Maiti R E Masto. Use of reclaimed Mine soil index(RMSI) for screening of tree species for reclamation of coal mine degraded land[J]. Ecological Engineering,2013,57：133-142.

[47] K Gopalakrishnan,M R Thompson,A Manik. Multi-depth deflectometer dynamic esponse measurements under simulated new generation aircraft gear loading[J]. Journal of Testing & Evaluation,2006,34(6)：522-529.

[48] BGK-8001 型数据记录仪安装使用手册[Z].基康仪器(北京)有限公司,2013.

[49] Konrad Markowski,S Nevar,A Dworzański,et al. Fibre Bragggrating for flood embankment monitoring[J]. Symposium on Photonics Applications in Astronomy,2014.

[50] 刘冠军,罗孝兵,汤祥林.DAMS-IV 型智能分布式安全监测系统在三峡船闸的应用[C]∥全国水电厂自动化技术 2011 学术交流研讨会论文集,2011：1-5.

[51] 葛从兵,陈剑.大坝安全管理信息化[J].中国水利,2008(20)：58-62.

[52] 廖海洋,杜宇,温志渝.嵌入式多参数微小型水质监测系统的设计[J].电子应用技术,2011,37(1)：35-37.

[53] 陈伟慧.基于嵌入式的污水多参数监测系统研究与设计[D].南昌：南昌大学,2011.

[54] 刘建林.大坝安全监测系统数据集中器设计与开发[D].长沙：湖南大学,2012.

[55] 刘丛.中荷合作防洪工程险情预警项目将走进黄河国际论坛[N].黄河报,2012-8-9(001).

[56] 周小文,包伟力,吴昌瑜,等.堤防安全监测与预警系统的试验研究[J].人民长江,2001,32(11)：32-34.

[57] 沈细中,张俊霞,兰雁,等.AGI 边坡监测系统[R].郑州：黄河水利委员会黄河水利科学研究院,2009.

[58] 沈细中,冷元宝,张俊霞,等.AGI 边坡监测系统应用与开发[M].北京：中国水利水电出版社,2010.

[59] 沈细中,张俊霞,杨浩明,等.AGI 边坡监测系统二次开发与推广[R].郑州：黄河水利委员会黄河水利科学研究院,2009.

[60] 沈细中,张俊霞,杨浩明,等.张家港市防洪工程实时安全监测预警系统建设[R].郑州：黄河水利委员会黄河水利科学研究院,2013.

[61] 张俊霞,兰雁,沈细中,等.可分离式工程安全监测数据采集器[P].中国：ZL201510108599.5,2017.

[62] 沈细中,兰雁,张俊霞,等.集散式多物理场工程安全动态监测预警系统[P].中国：ZL2015 10108654.0,2017.

[63] Knae W F,Beck T J,Anderson N O. Remote monitoring of unstable slopes using time domain relectomerty[C]. Las Vegas,NV：Proceedings,11th Thematic Conference and Workshops on Applied Geologic Remote Sensing,1996：431-440.

[64] 殷建华,丁晓利,杨育文.常规仪器与全球定位仪相结合的全自动化遥控边坡监测系统[J].岩石力学与工程学报,2004,23(3)：357-364.

[65] 陈云敏,陈赟,陈仁明.滑坡监测 TDR 技术的试验研究[J].岩石力学与工程学报,2004,23(16)：2748-2755.

[66] Luo Fei,Jingyuan Liu,Nanbing Ma. A fiber optic microbend sensor for distributed sensing application in the structural strain monitoring[J]. Sensors and Actuators A：pHysical,1999,75(1)：41-44.

[67] 南秋明,姜德生.光纤光栅传感技术在宜万铁路边坡监测的应用[J].路基工程,2009,3：3-5.

[68] 周策,陈文俊,汤国起.BHT-Ⅱ型滑坡崩塌岩体推力监测系统的应用[J].中国地质灾害与防治学报,2004,15(S):71-73.

[69] Bluetooth SIG. Core Specification V40 [EB/OL]. http://www. bluetooth. com/Specification% 20 Documents/CoreV40. Zip. 2009-12-17/2010-3-25.

[70] Bluetooth SIG. Core Specification V2.1 + EDR[EB/OL]. http://www. bluetooth. com/Specification% 20 Documents/Core_v210_EDR. Zip. 2007-6-26/2010-3-25.

[71] 刘乃安.无线局域网(WLAN)——原理、技术与应用[M].西安:西安电子科技大学出版社,2004.

[72] 解梅.移动通信技术及发展[J].电子科技大学学报,2003,32(2):111-115.

[73] 水利部水文局.中小河流山洪监测与预警预测技术研究[M].北京:科学出版社,2010.

[74] Chang Tung-chiung. Risk degree of debris flow applying neural networks[J]. Mat-Hazards,2007,42(1):209-224.

[75] 刘绍波.边坡数字无线监测系统关键技术研究[D].武汉:中国科学院武汉岩土力学研究所,2010.

[76] 尚兴宏.无线传感器网络若干关键技术的研究[D].南京:南京理工大学,2013.

[77] Arumbakkam A K, Yoshikawa T, Dariush B, et al. A multi-modal architecture for human robot communication[J]. IEEE,2010,639-646.

[78] 周志敏,纪爱华.触摸屏使用技术与工程应用技巧[M].北京:人民邮电出版社,2011.

[79] 钱华峰.面对对象嵌入式 GUI 研究及其可视化环境实现[M].成都:电子科技大学出版社,2006.

[80] Shen T,Radmard S,Chan A,et al. Motion planning from demonstrations and polynomial optimization for visual serving applications[C]. Intelligent Robots and Systems(IROS),2013 IEEE/RSJ International Conference on. IEEE,2013:578-583.

[81] 周志敏,纪爱华.触摸屏人机界面工程设计与应用[M].北京:清华大学出版社,2013.

[82] 穆亚辉.组态王软件使用技术[M].郑州:黄河水利出版社,2012.

[83] Rajesh Kumar, Parveen Kalrab, Neelam R Prakash. A virtual RV-M1 robot-system[C]//Robot and Computer-Integrated Manufacuring,2011,27(6):966-1000.

[84] 熊承仁,刘宝琛,张家生,等.重塑非饱和黏性土的抗剪强度参数与物理状态变量的关系研究[J].中国铁道科学,2003,24(3):17-20.

[85] Xiong Cheng-ren,Liu Bao-chen,Zhan Gjia-sheng,et al. Relation between shear strength parameters and physical state variables of remolded unsaturated cohesive soil[J]. China Railway Science,2003,24(3):17-20.

[86] 王志玲,张印杰,丰土根.非饱和土的有效应力与抗剪强度[J].岩土力学,2002,23(4):432-436.

[87] 谢定义,冯志焱.对非饱和土有效应力研究中若干基本观点的思辨[J].岩土工程学报,2006,28(2):170-173.

[88] 中华人民共和国水利部.土的分类标准:GBJ 141—90[S].北京:中国建筑工业出版社,1991.

[89] 郭庆国.粗粒土的工程特性及应用[M].郑州:黄河水利出版社,1999.

[90] 付明军,劳道邦.南水北调中线工程河北省磁县段泥砾土筑堤方案研究[J].南水北调与水利科技,2011,9(2):9-11.

[91] 贾文利.泥砾开挖料极端级配填筑利用试验研究[J].水利水电工程设计,2013,32(3):35-38.

[92] 于宾,于朋,苏宗义.大粒径泥砾筑堤试验研究[J].水利科技与经济,2011,17(11):84-87.

[93] 南京水利科学研究院.土工试验规程:SL 237—1999[S].北京:中国水利水电出版社,1999.

[94] 张福海,王保田,张文慧,等.粗颗粒土渗透系数及土体渗透变形仪的研制[J].水利水电科技进展,2006,26(4):31-33.

[95] 郑瑞华,张嘎,张建民,等.大型无黏性土渗透破坏试验系统及应用[J].实验技术与管理,2007,24

　　　　(5)：23-25.

[96] 马凌云,李春林,李巍尉,等.粗粒土渗透特性试验系统的改进[J].西北水电,2009(3)：51-55.

[97] 何建新,张敬东,刘亮.无黏性粗粒土大型水平渗透试验研究[J].新疆农业大学学报,2010,33(5)：453-456.

[98] 王俊杰,卢孝志,邱珍锋,等.粗粒土渗透系数影响因素试验研究[J].水利水运工程学报,2013(6)：16-20.

[99] Xizhong Shen,Min Zhang,Junxia Zhang,et al. Development on measuring device for seepage coefficient of super-size coarse-grained soil[J],Journal of Coastal Research,2015,73(SI)：375-379.

[100] 王清友,孙万功,熊欢.塑性混凝土防渗墙[M].北京:中国水利水电出版社,2008.

[101] 南京水利科学研究院.水工混凝土试验规程:DL/T 5150—2001[S].北京:中国电力出版社,2002.

[102] A A Mirghasemi,M Pakzad,B Shadravan. The world′s largest cutoff wall at Karkheh dam[J]. International Journal on Hydropower & Dams,2005,12(2).

[103] 郎小燕.混凝土防渗墙在土石坝工程中的应用与发展[J].水利水电技术,2007,38(8)：42-45.

[104] 涂善波,毋光荣,裴少英.弹性波 CT 在大坝截渗墙检测中的应用[J].工程地球物理学报,2010,7(3)：286-291.

[105] 孙文怀,李延卓,王锐,等.电法检测高聚物防渗墙完整性应用研究[J].人民黄河,2013,35(4)：101-105.

[106] L I Malyshev,G G Tuzhikhin. Seepage and cutoff measures in the foundation of the Inguri arch dam[J]. Power Technology and Engineering,1993,27(2)：55-65.

[107] M S Pakbaz,A Dardaei,J Salahshoor. Evaluation of performance of plastic concrete cutoff wall in karkheh dam using 3-D seepage analysis and actual measurement[J],Journal of Applied Sciences,2009,9(4)：724-730.

[108] Kaushal Joshi,Cedric Kechavarzi,Kenneth Sutherland,et al. Laboratory and in situ tests for long-term hydraulic conductivity of a cement-bentonite cutoff wall[J]. Journal of Geotechnical and Geoenvironmental Engineering,2010,136(4)：562-572.

[109] Paul F Hudak. Detecting Contaminants in Groundwater：strategies for incorporating cutoff walls[J]. The Journal of Solid Waste Technology and Management,2010,36(4)：240-245.

[110] 许文峰,周杨.塑性混凝土防渗墙抗渗性能检测[J].人民黄河,2013,35(7)：89-91.

[111] 张虎元,赵天宇,吴军荣,等.膨润土改性黄土衬里防渗性能室内测试与预测[J].岩土力学,2011,32(7)：1963-1969.

[112] 姚坤,张禾,王飞,等.防渗墙塑性混凝土渗透试验装置的研制[C]∥中国水利学会地基与基础工程专业委员会第十一次全国学术技术研讨会论文集,成都,2011.

[113] 李建军,邵生俊,杨扶银,等.防渗墙粗粒土槽孔泥皮的抗渗性试验研究[J],岩土力学,2012,33(4)：1087-1093.

[114] 张俊霞,沈细中,兰雁,等.一种塑性防渗墙渗透系数测定装置及测定方法[P],发明专利号:ZL 201310066284. X.

[115] 高大勇,朱云飞.南水北调中线干线工程渠道逆止阀的施工工艺和质量控制[J].水电与新能源,2013(6)：12-13.

[116] 刘邯涛,王晓,朱纪刚.新型高压水压试管机端头自密封装置的研制[J].钢管,2010,39(3)：52-54.

[117] 中国机械工业联合会.阀门的检验和试验:GB/T 26480—2011[S].北京:中国标准出版社,2011.

[118] Richard Turcotte,pHillip D Lightfoot,ChristopHer M Badeen,et al. A pressurized vessel test to measure

the minimum burning pressure of water-based explosives[J]. Propellants, Explosives, Pyrotechnics, 2005,30(2): 118-126.

[119] Michael Fox. Measuring and improving the puncture resistance of self-pressurized containers[J]. Journal of Failure Analysis and Prevention,2008,8(4): 353-361.

[120] Lixiao Li, Yutaka Kazoe, Kazuma Mawatari, et al. Viscosity and wetting property of water confined in extended nanospace simultaneously measured from highly-pressurized meniscus motion[J]. The Journal of Physical Chemistry Letters,2012,3(17): 2447-2452.

[121] 许国康. 面向先进检漏技术的航空产品密封实现及保证[J]. 航空制造技术,2013(20): 103-108.

[122] 杨云斐,黄慧敏. 核电厂一回路压力边界止回阀在线密封性能测试[J]. 中国核电,2013,6(3): 230-235.

[123] 兰雁,沈细中,张俊霞,等. 一种用于逆止阀、给排水管道(件)水工程性能指标检测的仪器[P]. 实用新型专利号:ZL 2013 20095 384.0.

[124] 吴海民,束一鸣,姜晓桢,等. 高面膜堆石坝运行状态下土工膜双向拉伸力学特性：高面膜堆石坝关键技术(三)[J]. 水利水电科技进展,2015(1): 16-22.

[125] 束一鸣. 防渗土工膜工程特性的探讨[J]. 河海大学学报(自然科学版),1993,21(4): 1-6.

[126] 束一鸣,顾淦臣,向大润,等. 长江三峡二期围堰土工膜防渗结构前期研究[J]. 河海大学学报(自然科学版),1997,25(5): 71-77.

[127] 高正中,张青云. PVC复合土工膜工程特性试验研究[J]. 四川水利,1994,15(5): 51-54.

[128] 任大春,张伟,吴昌瑜,等. 复合土工膜的试验技术和作用机理[J]. 岩土工程学报,1998,20(1): 10-13.

[129] 保华富,胡春风. 土工膜的有关物理力学性试验研究[J]. 云南水力发电,2004,20(1): 13-17.

[130] 胡利文,陈嘉鸥. 土工膜微结构破损机理分析[J]. 岩土力学,2002,23(6): 702-705.

[131] 徐光明,章为民,彭功勋. HDPE膜的力学特性受损伤影响初步研究[J]. 河海大学学报(自然科学版),2004,32(1): 76-80.

[132] Giroud J P. Mathematical model of geomembrane stress-strain curves with a yield peak[J]. Geotextiles and Geomembranes,1994,13(1): 1-22.

[133] Merry S M, Bray D. Time dependent mechanical response of HDPE geomembranes[J]. Journal of Geotechnical and Geoenvironmental Engineering,1997,123(1): 57-65.

[134] Zhang C, Moore I D. Nonlinear mechanical response of high density polyethylene (part I): experimental investigation and model evaluation[J]. Polymer Engineering and Science: Ser A,1997,37(2): 404-413.

[135] Zhang C, Moore I D. Nonlinear mechanical response of high density polyethylene (part II): uniaxial constitutive modeling[J]. Polymer Engineering and Science: Ser B,1997,37(2): 414-442.

[136] Nikolov S, Doghri I. A micro/macro constitutive model for the small-deformation behaviour of polyethylene[J]. Polymer,2000,41(5): 1883-1891.

[137] Beijer J G J, Spoowmaker J L. Modelling of creep behaviour in injection-moulded HDPE[J]. Polymer, 2000,41(14): 5443-5449.

[138] Wesseloo J, Visser A T, Rust E. A mathematical model for the strain-rate dependent stress-strain response of HDPE geomembranes[J]. Geotextiles and Geomembranes,2004,22(4): 273-295.

[139] Giroud J P. Poisson's ratio of unreinforced geomembranes and nonwoven geotextiles subjected to large strains[J]. Geotextiles and Geomembranes,2004,22(4): 297-305.

[140] ASTMD638-10 Standard test method for tensile properties of plastic[S].

［141］ ASTMD488-06 Standard test method for determining performance strength of geomembranes by the wide strip tensile method［S］.

［142］ Bray J D, Merry S M. A comparison of the response of geosynthetics in the multi-axial and uniaxial test devices［J］. Geosynthetics International,1999,6(1): 19-40.

［143］ ASTMD5617—2004 Standard test method for multi-axial tension test for geosynthetics［S］.

［144］ 束一鸣,吴海民,林刚,等. 土工合成材料双向拉伸蠕变测试仪［P］. 中国: 201019026078. X,2010.

［145］ 姜晓桢,束一鸣,吴海民,等. 土工膜内压薄壁圆筒试样双向拉伸试验装置及试验方法［P］. 中国: 201210117437. 4,2010.

［146］ 张光伟,张虎元,杨博. 复合土工膜渗透性能试验研究［J］. 水文地质工程地质,2011(5): 58-62.

［147］ Arunkumar Selvam, BrianBarkdoll. Clay permeability changes-flexible wall permeameter & environmental scanning electron microscope［C］// ASCE,2005.

［148］ Needham A D, Smith J W N, Gallagher E M G. The service life of polyethylene geomembrane barriers［J］. Engineering Geology,2006(85): 82-90.

［149］ Schouwenaars R, Jacobo V H, Ramos E,et al. Slow crack growth and failure induced by manufacturing defects in HDPE-tubes［J］. Engineering Failure Analysis,2007 (14): 1124-1134.

［150］ Shackelford C D. " Waste-Soil Interactions that Alter Hydraulic Conductivity" , Hydraulic Conductivity and Waste Contaminant Transport in Soil［C］// ASTM STP 1149, David E Daniel and StepHen J Trautwein, Eds. , American Society for Testing and Materials, pHiladelpHia,1994.

［151］ Arunkumar S, Brian B. Clay permeability changes flexible wall permeameter & environmental scanning electron microscope［J］. ASCE,2005.

［152］ 郑颖人,沈珠江,龚晓南. 岩土塑性力学原理［M］. 北京: 中国建筑工业出版社,2002.

［153］《土工合成材料工程应用手册》编写委员会. 土工合成材料工程应用手册［M］. 2 版. 北京: 中国建筑工业出版社,2000.

［154］ 郑智能,凌天清,董强. 土工合成材料的老化研究［J］. 重庆交通学院学报,2005,24(4): 71-76.

［155］ 崔世忠,顾伯洪,王善元. 土工合成材料性能测试的现状及展望［J］. 产业用纺织品,1996,14(1): 13-17.

［156］ 周大纲. 土工合成材料光氧老化与防老化技术［J］. 产业用纺织品,1999(11): 15-19.

［157］ 谈泽炜,王正心. 长江口深水航道治理工程一期工程土工织物防老化问题探讨［J］. 中国港湾建设,2000(8): 19-23.

［158］ Edward W Brand, E L Richard Pang. Durability of geotextiles to outdoor exposure in Hong Kong［J］. Journal of Geotechnical Engineering,1991(6):979-1000.

［159］ P J Black, R D Holtz. Performance of geotextile separators five years after installation［J］. Journal of Geotechnical and Geoenvironmental Engineering,1999(5): 404-412.

［160］ 顾淦臣. 土工膜用于水库防渗工程的经验［J］. 水利水电科技进展,2009(6):34-38.

［161］ Bouazza A, Zornberg J, Adam D. Geosynthetics in waste containment facilities: recent advances［C］// Geosynthet-ics-7th ICG-Delmas,2002.

［162］ 任大春,张伟,吴昌瑜. 复合土工膜的试验技术和作用机理［J］. 岩土工程学报,1998,20(1): 10-13.

［163］ 沈振中,江沆,沈长松. 复合土工膜缺陷渗漏试验的饱和－非饱和渗流有限元模拟［J］. 水利学报,2009,40(9): 1091-1095.

［164］ 王钊. 国外土工合成材料的应用研究［C］// 全国第五届土工合成材料学术会议论文集. 香港: 现代知识出版社,2002,38-42.

［165］ 刘宗耀.30 年来土工合成材料在我国的发展［J］.海河水利,1998(1)：1-3.

［166］ 王钊.土工合成材料［M］.北京：机械工业出版社,2005.

［167］ 汪正宜.水运工程土工合成材料应用技术规范实施手册［M］.北京：中国交通出版社,2006.

［168］ 刘宗耀,杨灿文,王正宏,等.土工合成材料工程应用手册［M］.北京：中国建筑工业出版社,2000.

［169］ 王党在.复合土工膜防渗体在高土石坝中的应用研究［D］.西安：西安理工大学,2005.

［170］ Victor Elias. Durability/Corrosion of soil reinforced Structures［R］. U. S Department of Transportation Federal Highway Administration. Publication No FHWA-RD-89-186,1990.

［171］ 刘明,孙志华,张晓云,等.复合材料自然环境老化试验方法［C］//第十八届玻璃钢/复合材料学术年会论文集.北京：玻璃钢/复合材料杂志社,2010：82-85.

［172］ 张家宜.高分子材料老化寿命的评定方法［J］.特种橡胶制品,2011,32(3)：61-64.

［173］ 谭晓倩,史鸣军.高分子材料的老化性能研究［J］.山西建筑,2006,32(1)：179-180.

［174］ 乔海霞,顾东雅,曾竟成.聚合物基复合材料加速老化方法研究进展［J］.材料导报,2007,21(4)：48-52.

［175］ 李晓刚,高瑾,张三平,等.高分子材料自然环境老化规律与机理［M］.北京：科学出版社,2011.

［176］ Robert M Koerner, Arthur E Lord. Arrhenius modeling to predict geosynthetic degradation［J］. Geotextiles and Geomembranes,1992(11)：151-183.

［177］ 孙彦红,皮红,郭少云.聚氯乙烯薄膜使用寿命预测［J］.高分子材料科学与工程,2012,28(8)：133-136.

［178］ R K Rowe,S Rimal,H Sangam. Ageing of HDPE geomembrane exposed to air,water and leachate at different temperatures［J］. Geotextiles and Geomembranes,2009(27)：137-151.

［179］ Yu V Suvorova, S I Alekseeva. Experimental and analytical methods for estimating durability of geosynthetic materials［J］. Journal of Machinery Manufacture and Reliability,2010,39(4)：391-395.

［180］ 张家宜.高分子材料老化寿命的评定方法［J］.特种橡胶制品,2011,32(3)：61-64.

［181］ 茆诗松.加速寿命试验的加速模型［J］.质量与可靠性,2003(2)：15-17.

［182］ 殷保合.西霞院反调节水库大坝复合土工膜应用实践［M］.郑州：黄河水利出版社,2010.

［183］ 李莉.西霞院反调节水库试验区 $400g/m^2/0.8mm/400g/m^2$ 复合土工膜检测报告［R］.郑州：黄河水利委员会基本建设工程质量检测中心,2013.

［184］ 段国学,徐化伟,武方洁.三峡大坝安全监测自动化系统简介［J］.人民长江,2009,23(40)：71-72.

［185］ 韩琳,娄萱,马晓兵,等.黄河下游赵口河段堤防渗流自动监测试点研究［J］.人民黄河,2016,38(2)：37-39.

［186］ 沈细中,张俊霞,杨浩明,等.张家港市防洪工程实时安全监测预警系统建设［R］.郑州：黄河水利委员会黄河水利科学研究院,2014.

［187］ Sangeeta Mukhopadhyay,S K Maiti,R E Masto. Use of reclaimed Mine soilindex(RMSI)for screening of tree species for reclamation of coal mine degradedland［J］. Ecological Engineering,2013,57：133-142.

［188］ K Gopalakrishnan,M R Thompson,A Manik. Multi-Depth deflectometer dynamicesponse measurements under simulated new generation aircraft gear Loading［J］. Journal of Testing & Evaluation,2006,34(6)：522-529.

［189］ BGK-8001 型数据记录仪安装使用手册［Z］.基康仪器(北京)有限公司.2013.

［190］ Fredlund D G,Rahardjo H. Soil Mechanics for Unsaturated Soils［M］. John Wiley & Sons INC,1993.

［191］ 熊承仁,刘宝琛,张家生,等.重塑非饱和黏性土的抗剪强度参数与物理状态变量的关系研究［J］.中国铁道科学,2003,24(3)：17-20.

[192] 谢定义,冯志焱. 对非饱和土有效应力研究中若干基本观点的思辨[J]. 岩土工程学报,2006,28 (2):170-173.

[193] 邢义川,谢定义,李振. 非饱和土的应力传递机理与有效应力原理[J]. 岩土工程学报,2001,23 (1):53-57.

[194] 黄河水利委员会黄河水利科学研究院. 面向大型工程安全预测与评估的信息融合方法之专题边坡系统分析模型建立与验证[R]. 郑州:黄河水利委员会黄河水利科学研究院,2013.

[195] 常立君,刘小文. 江西地区非饱和红土的强度特性试验研究[J]. 陕西建筑,2008,2(152):42-45.

[196] Philippe Smets,Kennes R. The transferable belief model[J]. Artificial Intelligence,1994,66(5):191-234.

[197] Philippe Smets. Belief function on real numbers[J]. International Journal of Approximate Reasoning, 2005;40(3):181-223.

[198] Tonon F,Bemardini A,Mammino A. Determination of parameter ranges in rock engineering by means of Random Set Theory[J]. Reliability Engineering and System Safety,2000,70(3):241-261.

[199] Tonon F,Bemardini A. A random set approach to the optimization of uncertain structures[J]. Computers and Structures,1998,68(6):583-600.

[200] Tonon F,Bemardini A,Mammino A. reliability analysis of rock mass response by means of Random Set Theory[J]. Reliability Engineering and System Safety,2000,70:263-282.